住宅改造解剖书

5大 设计手法 × 70套 改造方案 × 35种 问题户型 × 190幅 细节分析

杨全民 — 著

江苏凤凰美术出版社

前言

五岁的时候，父母带着我和姐姐从祖宅的大家庭里搬出来，住进了我们自己的小家。当时国家还很清贫，我家也是如此。房子是由父亲自己采来石头亲手垒起来的，屋子里没有一件像样的家具。废旧纸箱就是我们的衣柜，所有衣物都放在里面；曾祖母当年陪嫁的梳妆台是家里的待客茶几，破旧的木风箱上盖一个蒲团，就是供客人坐的椅子了；父亲又在山墙上掏出了一个洞，里边装了一道木搁板，外边罩上了一个纱网，这就是我家的碗橱。日子虽然过得清苦，但一家人却生活得很开心。后来几经搬迁，居住条件也不断提升，房子越换越大，家私也越换越高档，但幼时家里那几件古里古怪的家具，父亲设计在墙洞里的碗橱，却深深地留在了我的记忆里，这大概就是我对住宅、家具、装修最早的印象了。

有幸成长在这个经济腾飞的年代，地产行业的繁荣带动着下游装饰行业的兴旺。我自大学毕业后，即开始从事室内设计工作，最初开始进行装修的主要是酒店、商场、办公大楼等，随着经济的发展，家居装修似乎一夜之间走进了千家万户。房子必须装修后才能入住，变成了业主的共识。

业主去家装公司咨询，接待人员就会熟练地打开电脑或拿出一摞厚厚的图片让其选择风格。漂亮的图片使人眼花缭乱，各种风格满天飞。选择好了中意的图片就直接套用，双方沟通起来倒也方便，也出现了不少“一家装完整栋楼参考”的情形，家家户户一个样，试问一句，每家的生活习惯都一样吗？适合他家的设计你家照搬后感觉方便吗？

有时回首看看自己早期的作品也不禁汗颜，设计上盲目从众，紧跟潮流风格，哪种材料时髦就采用哪种，唯恐显现不出自己的设计水平。但仔细分析，作品中的通病就是缺乏生活的温度。那么，什么才是带有生活温度的家庭装修设计呢？

父亲的身体一直很健康，但在一次例行体检中意外查出了问题，这一突发状况让我们全家陷入恐慌，一时间不知所措。幸好经过手术治疗，身体又恢复健康。这件事情之后，我有了一个很深的感悟——平时自认为重要的东西，其实都是身外之物，全家人都身体健康，快快乐乐在一起生活才是最重要的。我有时也不禁回想起那个给我美好童年的家，虽然简陋，但家人彼此的爱使人感到幸福，它给我们遮风挡雨，使我们健康成长。

回归到家居设计，由此也感悟到，我们装修房子的最终目的，不就是让家人生活得幸福吗？那么以上的问题就有了答案：好的设计应该以家人为中心，以家人的核心需求为出发点。只有这样设计出来的家，才会有温度，全家人吃得香、睡得甜、生活便捷开心，才会真正感到快乐。

1. 吃得香。民以食为天，一日三餐的烹饪离不开厨房。一间好用的厨房需要动线便捷、空间充裕、配置合理。在设计上，冰箱、水槽、砧板、灶台之间的距离把控就很关键，既要保留合理的操作空间，又要使彼此之间动线便捷、减少阻碍。

2. 睡得甜。人的一生有三分之一的时间是在床上度过，睡眠质量直接影响我们的身心健康。想拥有好的睡眠，在居室规划上首先要动静分区清晰，然后要注意选择隔声效果好的材料、柔和的光源、高质量的寝具。

3. 身心放松。从早晨起床后的洗漱装扮，到结束一天繁忙的工作，回到家中泡一个惬意的热水澡，再到节假日在里面的洗涤收拾，卫生间区域也许不被重视，但确是我们日常使用频率最高的地方，它值得我们花精力去设计。

4. 空间整洁。人人都喜欢有序、整洁的家，无论是平时在家休闲放松，还是在外工作一天后推门进家，如果到处都是一团糟，心情怎么会好起来？这就需要我们打造完善的收纳系统，充分利用家中边边角角的空间，让物品都能分门别类地合理储存。

5. 家务不累。简单的“家务”两个字，其实包含着多少辛苦。一日三餐的烹饪、全家人衣物的洗涤、家居环境卫生的保持，还要养育年幼的宝宝，照顾日渐衰老的长辈，这些都是家务的一部分。要想做家务更轻松，在设计上要遵从干湿、洁污分区的原则，避免相互干扰，在动线组织上要合理规划，做到便捷、流畅。

6. 尊重每个家庭成员的个性和特点。老人容易起夜，他们的卧室要尽量安排得靠近卫生间，再配上柔和的小夜灯，方便夜里起居。小孩子活泼好动，可以在房间里设计上涂鸦墙，让其自由写画。妻子衣服多，给她打造一个专属的衣帽间，并在里边设计梳妆台，满足其爱美的天性。老公喜欢上网，在有限的空间中，挤出一个安静的小角落作为书房，给他一个相对独立的私人空间。这样装修出的新家，考虑到每一位家人的需求，大家肯定都会喜欢。

在房价昂贵的今天，拥有一套自己满意的房子是所有人的心愿，但无论是新房还是二手房，不会处处都满足每个家庭的不同需求，这时将不合理或不满意的格局进行改造就成了很多业主的不二选择。对设计师而言，在格局改造过程中所要考虑的要素无外乎居室的通风、采光、隔声降噪、收纳储物、动线组织、功能分区，将这些都按业主的不同需要设计好，就能做出合理、科学的方案。本书就是基于上述理念，将我关于家居设计的心得和感悟呈现在大家面前。

书中所介绍的房型，都是我们日常随处可见的普通房型；所列举的改造内容，也是工作室服务的真实案例。我所做的工作就是将它们原原本本地整理出来呈现给大家。希望本书的面市，能对热爱格局设计、改造的从业者或准备装修的业主，起到一点启发或借鉴的作用。如果此书能对大家有所帮助，我将不胜欣喜。

著者

2020 年 1 月

目录

格局改造基础篇

在家居室内设计过程中，格局设计无疑是最重要的一环，也是整个设计工作的关键。优秀的设计者可以运用专业的知识和巧妙的创意，对原有空间进行重新分割和布局，使最后呈现出的方案让人眼前一亮，从而让一个平庸的或存在很多缺陷的空间脱胎换骨，麻雀变凤凰。

在整个家居改造过程中，把空间格局处理好，方案基本可以算作成功了。剩下的工作就是一些后期的处理，比如灯光配置、家具摆放、软装陈设等细节呈现。根据业主的具体需求，一点一滴地去补充完善就可以了。

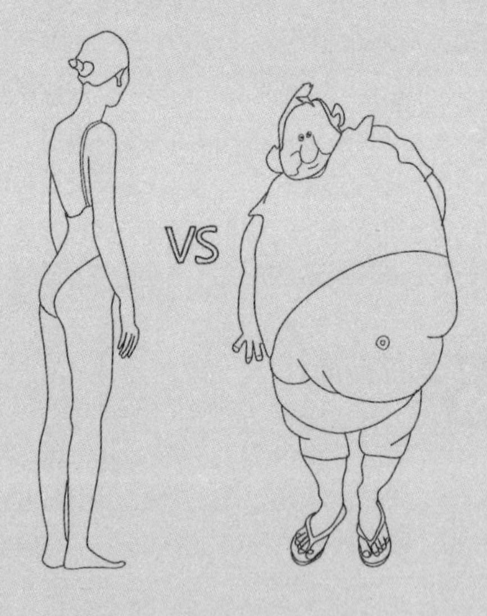

如果把设计作品比作人体塑造，格局规划就是人体的骨架。把人体骨架搭配合理，使其体型匀称、比例适中，这个人就不会很难看，再细心搭配好服装、配饰，这就是个美人了。而反过来，骨架没有搭配好，身材比例失调、腿短肚子大，后期再怎么涂脂抹粉，也很难提高回头率。

这些道理相信大家都懂，但真正面对一个糟糕的需要进行改造的房型时，很多人却不知道如何着手。这个问题不仅让普通非专业的业主感到棘手，就是有些入行时间短的设计师也很头疼。因为室内设计都是在建筑设计之后进行的，基本的结构形式很难改变，所以设计师要做的就是运用专业的知识和敏锐的观察力，在尊重原始结构的前提下，进行优化改进，使其更加科学化、人性化、精细化。

要科学合理地规划出有创意的布局方案，我们需要掌握以下五项技能。

看懂住宅建筑图纸

在进行格局改造设计时，需要依据完整的建筑平面图纸来展开。在图纸中，我们可以了解到住宅的结构形式及墙体的承重情况，这就要求我们了解住宅设计常用术语、图纸标识符号，只有清楚了解了这些信息，才能结合业主的具体需求，在不破坏建筑安全性能和违反法规的前提下，进行墙体的拆改和空间的重建。

（1）住宅结构形式及墙体承重情况

住宅建筑根据其使用材料类型的不同，可以分为砖木结构、砖混结构、钢筋混凝土结构和钢结构四大类。

砖木结构是指建筑物中竖向承重结构的墙、柱等采用砖或砌块砌筑，楼板、屋架等用木结构。由于建筑工程力学与工程强度的限制，砖木结构一般用于平层、低层的建筑（1 ~ 3 层），如庙宇、农村的屋舍等。

砖混结构是指采用砖墙来承重，钢筋混凝土梁、柱、板等构件构成的混合结构体系，适合开间进深较小、房间面积较小的多层或低层建筑。对于砖混结构，承重墙体是不能改动的。多层住宅大多采用砖混结构。

钢筋混凝土结构是指用配有钢筋增强的混凝土制成的结构，其主要承重构件包括梁、板、柱全部采用钢筋混凝土结构。其结构布置上比较灵活，设计师发挥的余地也比较大，高层住宅多采用钢筋混凝土结构。

钢结构是由钢制材料组成的结构，主要由型钢和钢板等制成的梁钢、钢柱、钢桁架等构件组成，各构件或部件之间通常采用焊缝、螺栓或铆钉连接。因其自重较轻，且施工简便，广泛应用于大型厂房、场馆、超高层建筑等，但也具有不耐火、易腐蚀、造价成本高等缺陷。

在住宅建筑中最常见的就是砖混结构和钢筋混凝土结构，我们需要对这两种结构形式格外关注。

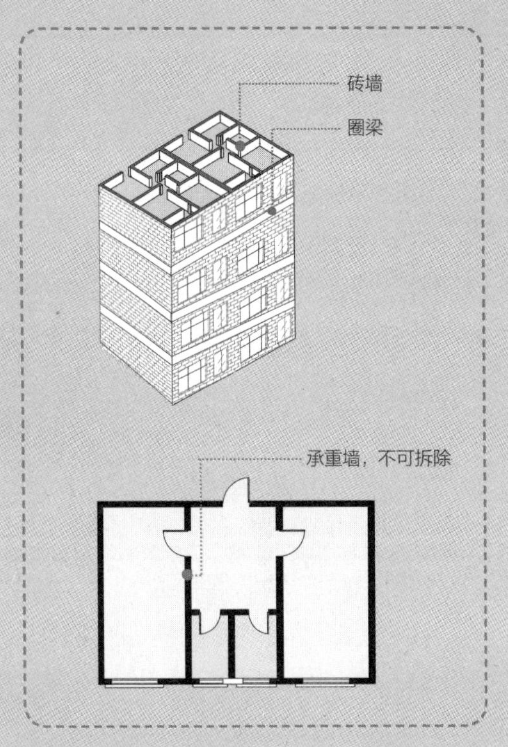

砖混结构住宅

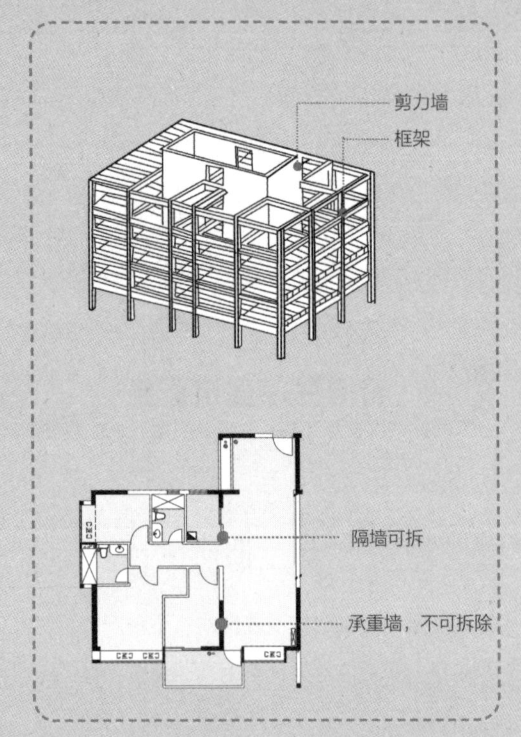

钢筋混凝土结构住宅

（2）住宅设计常用术语

开间：指相邻两个横向定位墙体间的距离。因为是就一自然间的宽度而言，故又称“开间”。

进深：指建筑物各间纵深的长度。即位于同一直线上相邻两柱中心线间的水平距离，各间进深总和称“通进深”。

层高：指下层地板面或楼板面到上层楼板面之间的距离。

结构净高：指楼面或地面至上部结构层下面之间的垂直距离。

建筑面积：指建筑物长度、宽度的外包尺寸的乘积。

公摊面积：指分摊的公用建筑面积，它与套内建筑面积之和构成了一套商品房的建筑面积。

净面积：即实用面积，是指建筑面积扣除公摊面积及墙体、柱体所占用的面积之后的净使用面积。

（3）图纸标识符号

建筑平面图是建筑施工图的基本样图，它是假想用一水平的剖切面沿门窗洞位置将房屋剖切后，对剖切面以下部分所作的水平投影图。它反映出房屋的平面形状、大小和布置情况；墙、柱的位置、尺寸和材料；门窗的类型及位置等。每一个物体都有专业的标识符号，我们只有理解、掌握了这些才能更好地读懂设计，更好地思考与沟通。

墙体平面符号说明

窗平面符号说明

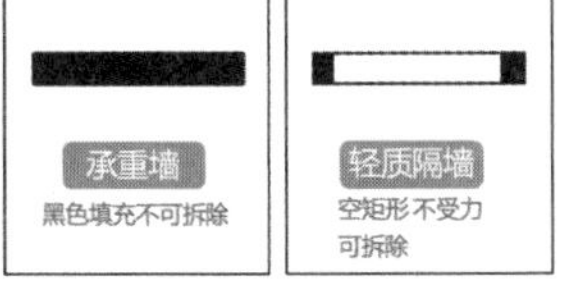

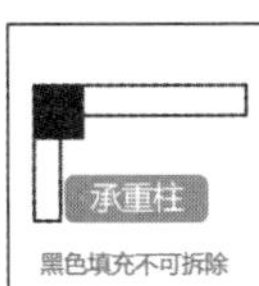

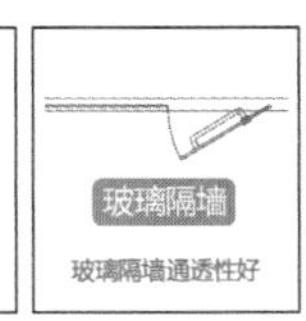

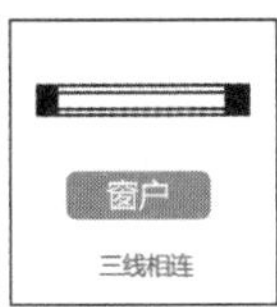

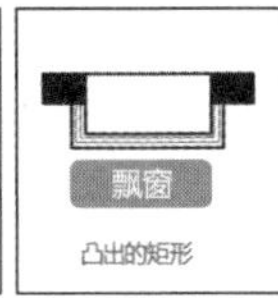

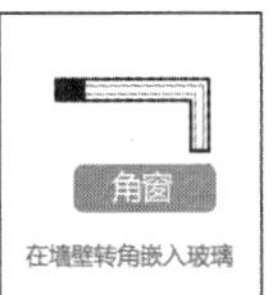

门平面符号说明

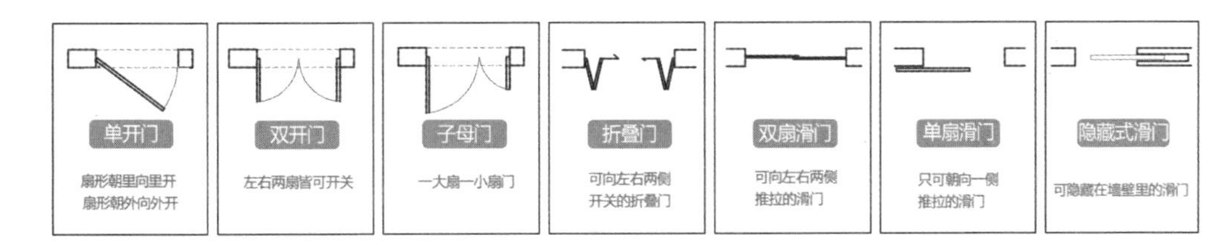

其他平面符号说明

2 掌握建材、工艺

作为设计师，我们需要掌握各种建材的性能及相应的施工工艺，这样才能游刃有余地在室内设计中应用。在格局改造中，使用的是用于隔墙的材料，包括以下几种：

（1）实心砖

实心砖主要分为黏土实心砖和混凝土实心砖。实心砖隔墙具有坚固、负重、隔声、在其表面贴墙砖牢靠等优点，但也有砌墙费工费材、线荷载过大、占用空间多等缺陷。

（2）纸面石膏板

这是我们最常用的隔墙材料。其具有施工便捷、环保、易采购等诸多优点，但也具有隔声性能差、不防水、易开裂、不方便悬挂、不方便承载重物等缺陷，在卫生间或厨房是不能使用的。

（3）轻质隔墙板

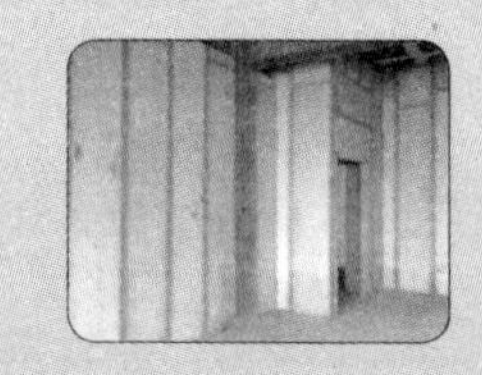

轻质隔墙板是一种外形像空心楼板一样的墙材，但其两边有公母隼槽，安装时只需将板材立起，公、母隼涂上少量嵌缝砂浆后对正拼装起来即可。轻质隔墙板具有质量轻、保温隔热、隔声、施工快速、可以降低墙体成本等优点。

（4）加气砌块

加气砌块具有规格多样、质量轻、隔声、易加工等优点。但加气砌块空隙率大，吸水性强，因而不得砌筑在建筑物标高 ±0.00 以下或长时间浸水、经常受干湿交替影响的部位。其表面容易起粉末，不易于与砂浆更好地黏结，所以砌块墙体应用黏结性能良好的专用砂浆砌筑。

（5）石膏砌块

石膏砌块也是一种优良的隔墙材料，具备隔声、环保、施工方便、自重轻等诸多优点，但防潮性不佳，所以通常用在卧室、客厅、书房等位置。

（6）玻璃砖

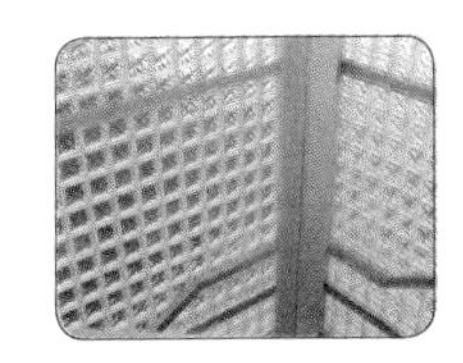

玻璃砖是用透明材料或颜色玻璃料压制成形的块状或空心盒状的玻璃制品，一般体型较大。用玻璃砖墙来装饰遮隔，既能分割大空间，又能保持大空间的完整性；既达到了私密效果，又能保持室内的通透感。可以说是一个能带来戏剧性效果的设计，但存在施工工艺复杂、易损的缺陷。

（7）玻璃墙

运用玻璃墙做隔断也是常用的设计手法，其具有通透性高、施工方便、环保、防水等优势，所以我们可以运用到对私密性要求不高的书房隔墙、卫生间里的淋浴房上。但存在隔声、保温性能较差，易损及自爆等缺点。

隔墙建材表

特性			
种类	优点	缺点	适用空间
实心砖	坚固、负重、隔声、保温	费工、费辅料、自重大、占用空间大	全部
纸面石膏板	质轻、施工便捷、占地小	隔声差、防水差、吊挂力差、易开裂	客厅、卧室（需填充隔声材料）
轻质隔墙板	质轻、施工便捷、隔声、保温、占地小	吸水性高、高度受限	客厅、卧室
加气砌块	质轻、隔声、保温、易加工、施工方便	空隙率大、吸水性强、表面容易起粉末	全部（应用于厨房、卫生间时，避免底部直接与地面接触）
石膏砌块	质轻、隔声、环保、施工方便	防水性差	客厅、卧室
玻璃砖	隔声、隔热、美观、通透性高	造价高、施工复杂、易损	厨房、卫生间
玻璃墙（钢化玻璃）	装饰性强、施工方便、通透性高	易损、隔声差、隔热差	厨房、卫生间

3 洞察业主需求

室内设计介于艺术和实用之间，没有一个绝对统一的标准，所以说了解业主真正的需求是一个非常重要的设计前提，获取这些信息，需要设计师耐心、细心地通过语言沟通或书面方式进行采集。但有时候许多委托方也说不出自己真正想要的东西，这就需要设计师具备敏锐的洞察力，挖掘出委托方没有表达出或潜意识的想法，同时委托方还有一些伪需求，设计师也需要进行甄别并指出来。

我们可以通过表格选项的形式让委托人进行选择，并对信息进行归纳、提炼，以便找出委托人的核心需求，作为进行设计的重要依据。

客户信息采集表

客户姓名：
房屋建筑面积:
楼层:
E-Mail:

物业地址：
层高:
联系电话：
QQ:

序号	问题	备选项	答案
1	所从事的职业	A. 公务员或事业单位人员 B. 企业工作人员 C. 自主经营者 D. 自由职业者	
2	房屋居住成员（可多选）	A. 父母 B. 夫妻 C. 女儿 D. 儿子 E. 孙子、孙女 G. 保姆 H. 其他	
3	房主年龄	A.20 ~ 25 岁 B.25 ~ 35 岁 C.35 ~ 45 岁 D.45 岁以上	
4	孩子年龄	A. 1 ~ 3 岁 B. 3 ~ 9 岁 C.10 ~ 17 岁 D. 18 岁以上 E. 还没有孩子	
5	家中老人年龄	A .50 ~ 60 岁 B.60 ~ 70 岁 C.70 ~ 80 岁 D. 80 岁以上	
6	家中饲养宠物（可多选）	A. 狗 B. 猫 C. 其他 D. 不喜欢	
7	喜欢的家居风格	A. 中式风格 B. 欧式风格 C. 日式风格 D. 自然风格 E. 现代风格 F. 混合型风格 G. 其他	
8	喜欢的家居整体色调	A. 偏冷色 B. 偏暖色 C. 根据房间功能	
9	个人爱好（可多选）	A. 收藏 B. 音乐 C. 电视 D. 宠物 E. 运动 F. 旅游 G. 上网 H. 其他	
10	用餐习惯	A. 经常在家用餐 B. 经常在外用餐 C. 经常在家请客	

续表

11	对现有的房间布局及数量（可多选）	A. 满意 B. 不满意 C. 缺少卧室 D. 缺少书房 E. 缺少储物间 F. 缺少休闲区	
12	对空间最为关注的方面（可多选）	A. 动线 B. 收纳 C. 通风、采光 D. 分区明确 E. 隔声、保温	
13	对收纳的需求	A. 储藏间 B. 衣帽间 C. 充足大衣柜	
14	选择空调的类型（可多选）	A. 分体壁挂机 B. 落地式空调（柜机） C. 风管机 D. 中央空调	
15	在新居中需要考虑的设备（可多选）	A. 净水系统 B. 新风系统 C. 采暖系统 D. 家庭智能系统	
16	对洗涤衣物的选择	A. 利用太阳晾晒 B. 机器烘干 C. 前边两种模式都能接受	
17	喜欢的客厅地面材料	A. 实木地板 B. 实木复合地板 C. 强化复合地板 D. 砖 E. 石材	
18	喜欢的房间（卧室或书房）地面材料	A. 实木地板 B. 实木复合地板 C. 强化复合地板 D. 砖 E. 石材	
19	喜欢的客厅墙面材料	A. 涂料 B. 壁纸 C. 涂料 + 墙纸 D. 砖 E. 石材	
20	喜欢的卧室或书房墙面材料	A. 涂料 B. 壁纸 C. 涂料 + 墙纸 D. 砖 E. 石材	
21	喜欢的沙发、餐椅	A. 实木 B. 板式 C. 真皮 D. 布艺 E. 其他	
22	喜欢的餐桌（可多选）	A. 实木餐桌 B. 钢木餐桌 C. 大理石餐桌 D. 圆形 E. 长方形 F. 正方形 G. 多边形	
23	会选择多宽的床放在主卧室	A.1.5 m B.1.8 m C. 2 m	
24	会选择多宽的床放在次卧室	A.1.5 m B.1.8 m C. 2 m	
25	喜欢的厨房形式	A. 封闭式 B. 开放式 C. 都能接受	
26	对厨电的需求（可多选）	A. 洗碗机 B. 消毒柜 C. 烤箱 D. 垃圾处理器 E. 净水器	
27	喜欢的热水供应方式	A. 燃气热水器 B. 电热水器 C. 太阳能热水器 D. 空气能热水器	
28	喜欢的洗澡方式	A. 泡浴 B. 淋浴	
29	对面盆的选择	A. 台上盆 B. 台下盆 C. 一体盆 D. 挂盆	
30	对马桶的要求	A. 蹲便器 B. 落地式坐便器 C. 悬挂式坐便器 D. 配置智能功能的坐便器	
其他补充说明：			

把握未来的发展趋势

大数据、物联网的出现颠覆了人们的生活方式，人工智能、生物识别、云计算、环境控制、数字对讲、智能安防等新兴事物层出不穷。未来家居一定是从用户角度出发，智能化、物联网化、自适应化。这就要求设计师具有一个包容、开放的心态，不断接受和学习新鲜的设计资讯、设计理念，并将其融入具体的设计实践中。

遵从格局改造的基本规则

怎样的格局设计算是优秀？诚如“一千个读者有一千个哈姆雷特”，每个人心目中的标准及需求都不一样，很难有一个统一的答案，但也存在如下一些公认的基本准则。

（1）空间过渡自然

在家庭空间中合理的分区很重要，尤其是衔接室内外的玄关过渡区。无论是客人来访，还是家人每天的出入，都需要在此缓冲停留、调节心情。它既承担着收纳储物、阻隔视线的作用，又能传达主人的艺术品位，决定着来访客人对此住宅的第一印象。所以在设计时，既要将空间的过渡与转化做到自然合理，又要使其具备良好的艺术性，两者缺一不可。

（2）合理的收纳规划

收纳作为一个重要概念，涵盖了系统收集、细化归类、合理存放等方面的技能。良好的收纳设计就是设法在有限的居室内创造出尽量多的“空表空间”，使空间尽可能宽敞、整洁、井井有条。充足的储藏空间能有效减轻家务负担，保证室内环境的优美。

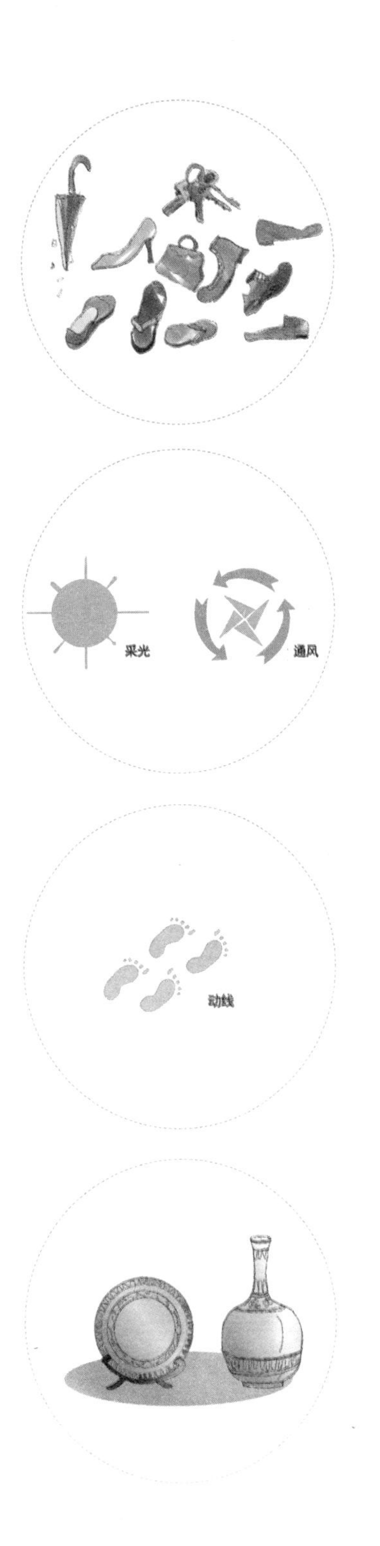

（3）通风、采光良好

房屋通风、采光性能良好，对居住者很重要。现实中开发商交付的房屋开间及进深固定成型，一般无法进行大的改造。但我们可以通过局部的设计调整，尽量保持室内的自然通风及采光，这对业主的居住体验至关重要，直接关系到居住的舒适度，更关系到家人的身心健康。

（4）动线科学、通畅

将人在建筑物里的移动轨迹以线的形式表现在平面图上，就成为了动线。决定动线的是房间的平面布局，而合理规划室内动线，可以更科学地利用空间，提高家政效率。

（5）弹性布局、张弛有度

空间规划没有绝对固定的模式，有时需要聚有时需要离。如为了提高空间利用率，把家中的双卫合二为一，即进行“聚”，节余出的空间可以打造成一个独立的储物间，满足家庭储物的需求。而为使用上更加方便高效，把卫生间的各项功能进行分离，也就是“散”，形成盥洗、如厕、洗澡、洗衣、收纳彼此独立、互不干扰的布局，又能形成流水动线，让家人活动、劳动方便快捷。

1

巧设玄关

让空间自然过渡，给人不一样的美感

家是每个人温暖的避风港。
门外是纷繁复杂的世界，门内是温馨舒适的家。

下班回家，换鞋子、挂外套、放背包、收钥匙……忙完这一切，才有时间坐在沙发上松口气。

早上出门，也是先换鞋子、穿外套、背包、取钥匙，对着镜子整理一下仪表，然后推门而出。

如果家中有一个能在室内和室外间缓冲过渡的玄关区域，我们的居家生活就会更从容。在小宅盛行的今日，也许很多户型根本不具备玄关过渡空间，但没有不代表不需要，可以通过设计的手法，通过空间的整合，创造出玄关这一过渡区域。

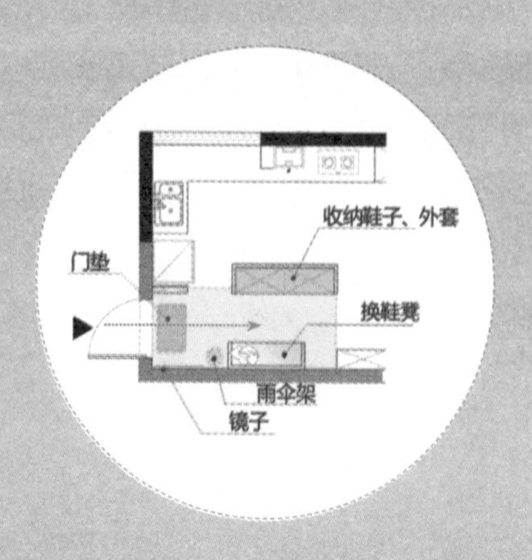

小贴士

入户区常见问题：①看穿厅堂；②正对长廊；③正对墙、柱角；④正对卧室、厨卫门；⑤缺乏收纳空间。

缓冲视线，保持室内私密性

玄关处于家庭入户处，是室外到室内的过渡区，内外氛围的转换处。对两种不同的空间感受，人在视觉与心理上都需要有一个适应与过渡。如果有客人来访，一推门就把整个客厅一览无余，没有视觉过渡缓冲，主客双方都会感到唐突；或推门入户，抬头正对卧室门或卫生间门，缺乏生活私密性，不禁让人心生尴尬。

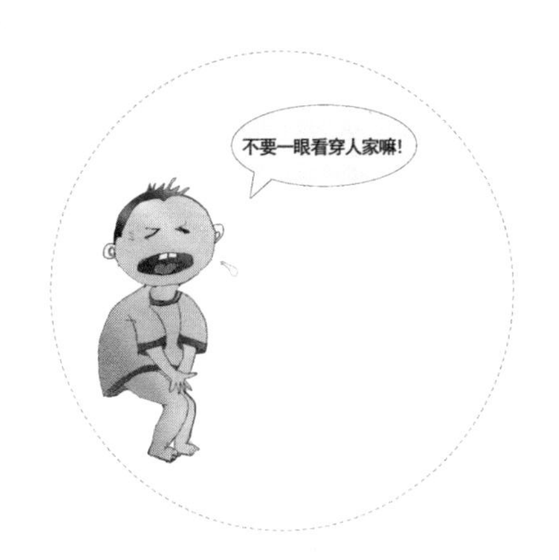

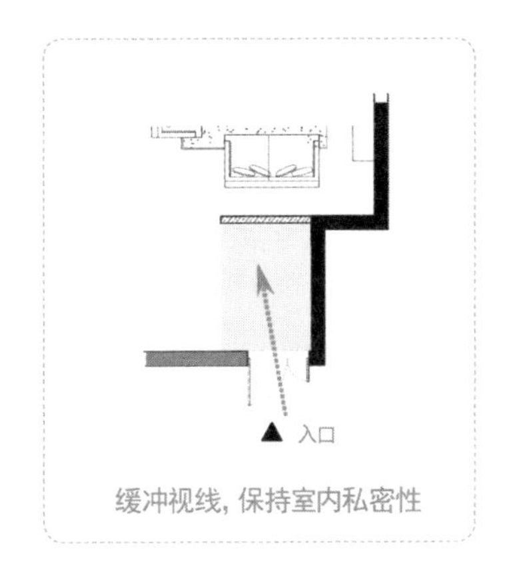

缓冲视线，保持室内私密性

物品收纳，方便出入

推门入户，如果映入眼帘的是满地的鞋子、杂乱的衣物、随地乱放的孩子玩具，会让人产生很糟的凌乱感，这就表明玄关收纳没有设计好。其实在玄关区域收纳的物品不仅包括日常穿戴的鞋子、外套及手边小物品，还可以包括如雨伞、男主人的钓具、孩子的滑板车、出差才会用到的行李箱等不适宜带入客厅或卧室储存的物品。

如果能在玄关区域打造一个收纳此类物品的专用空间，将极大缓解家庭的储藏压力，保持家中的整洁，使人进门看到一番规整怡然的景象，工作的疲惫可以消除不少。

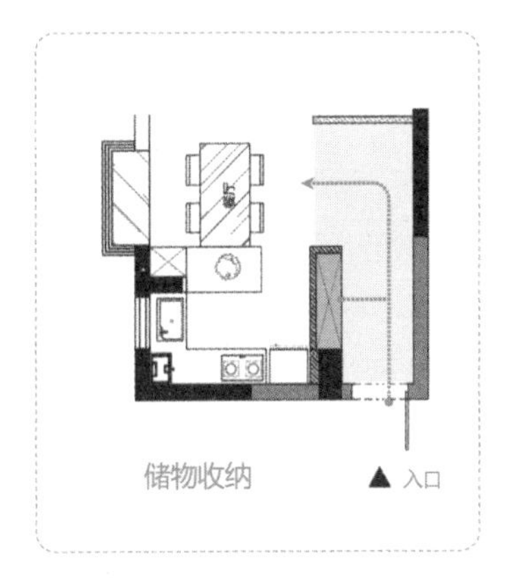

储物收纳

3 空间展示彰显主人品位

推门入户，进入眼底的第一景象决定了别人对这个家庭的整体印象，而玄关正是客人从繁杂的外界进入这个家的最初感觉。如果在此处用心构思、精心设计，自然会产生引人入胜的效果。一盏散发柔和光晕的台灯、一幅精致的挂画、一件充满异域风情的摆件，都不动声色地彰显出屋主的品位和情调。

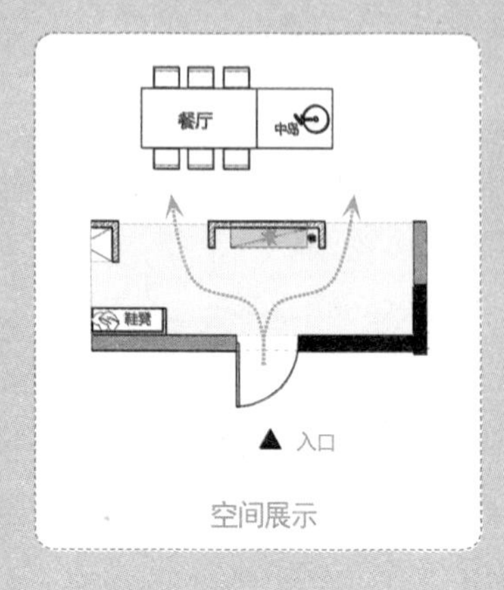

空间展示

玄关种类

玄关按照结构形式大致可分为独立式、邻接式、包含式三种。

1. 独立式

独立式是指推门入户后到客餐厅之间有一个相对独立的过渡区域，私密性比较强，使用起来最为方便。配合旁边充足的收纳设置，可以换鞋挂衣、放置物品，一身轻松到达内厅，舒适方便又大气。

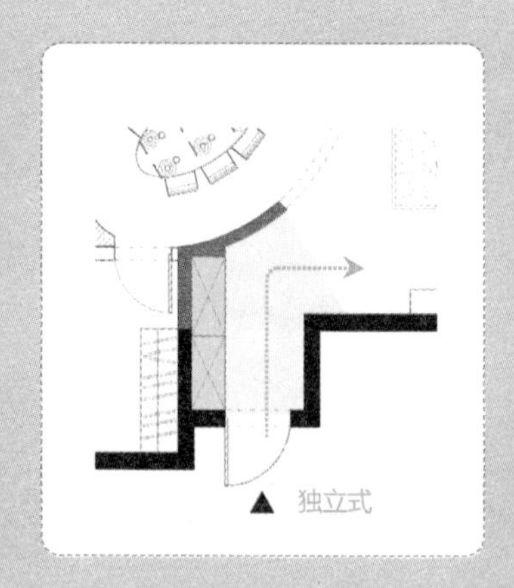
独立式

2. 邻接式

所谓“邻接式玄关”，就是与厅堂相邻，没有较为独立、严密的空间。邻接式玄关在设计时，重点突出区域划分的概念，一般与其他物品搭配使用来划分空间，讲究划分隔断要与周围设计风格一致。

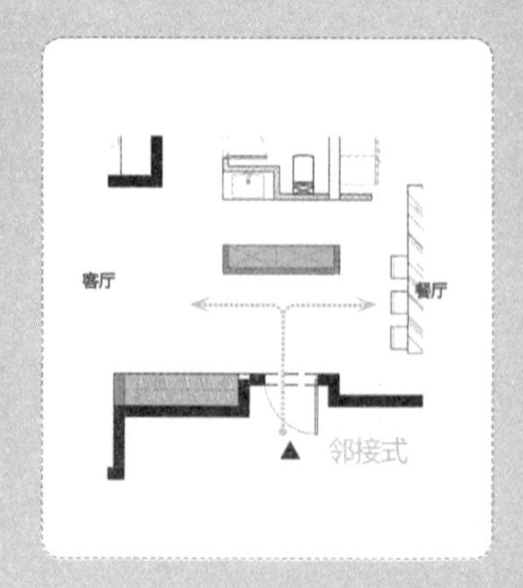

邻接式

3. 包含式

包含式是指进入室内后，玄关出现在客厅里面。它既能起到分割作用，又能起到空间装饰的效果，成为室内视觉的一个焦点。在具体设计中，没有固定的形式和绝对的好坏，都需因地制宜，打造出与整体环境相融合的过渡玄关。

包含式

玄关的储纳形式

玄关区域收纳是家庭收纳体系中的重要一环，关乎家庭的整洁和美观，以及居住者的舒适体验，如果设计不当，再好的心情也会变差。玄关的储物收纳形式主要分为储物柜与储物间两种。

1. 储物柜形式

储物柜可分为储鞋的鞋柜、挂外套的衣柜、展示艺术品的展柜，它们的选择取决于玄关的大小和储物的需求。

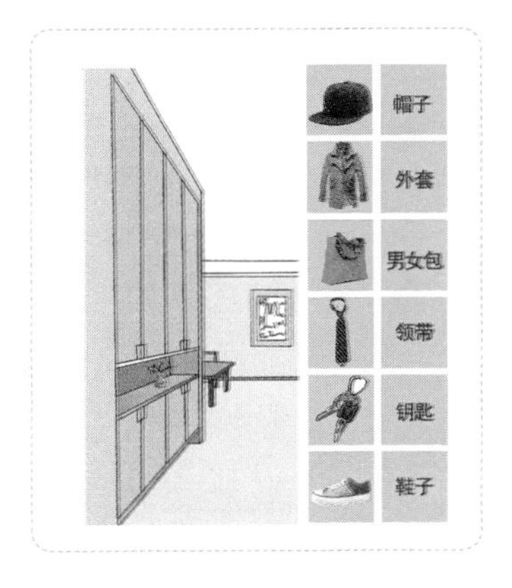

2. 储物间形式

如果空间足够，能够在玄关区域打造一个大容量的储物间，那是件太幸福的事了。

那些不适合带入客厅或卧室储藏的物品，比如孩子的滑板车、爸爸的钓具、妈妈的熨烫机，都可以轻松地存储在此。如在动线规划上和玄关储物间相结合，设置分属主人和客人的两条入户动线，使用起来将更加得心应手。

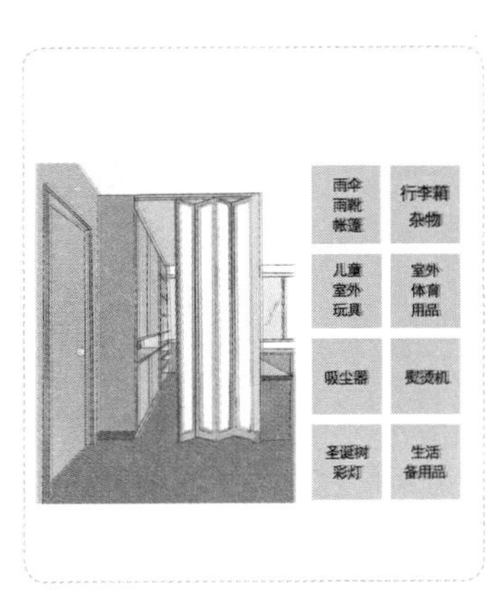

1 巧设玄关 1-1 开门就看穿客厅，虽坐拥山景却心存遗憾

房屋信息

- 建筑面积：140 m^2
- 居住成员：父母、孩子
- 原始格局：3 室 2 厅
- 改造后格局：3 室 2 厅、独立衣帽间

Z 夫妻的这套房子，房屋楼层、通风采光都很理想。从南卧室向外眺望，郁郁葱葱的山景尽收眼底，北卧室的窗是外挑窗，窗外是繁华的都市景色。但对房屋仔细研究，可以发现还是存在不足——入户缺乏过渡区域。一层楼 4 户的布局，室外走廊人来人往，如不随手关上户门，很容易让出入电梯间的邻居一眼就看穿整个客厅。另外主卫空间狭长，造成面积浪费，使用也不便。客厅的小阳台窗台过高，坐着无法看到外面，辜负了如此美景。

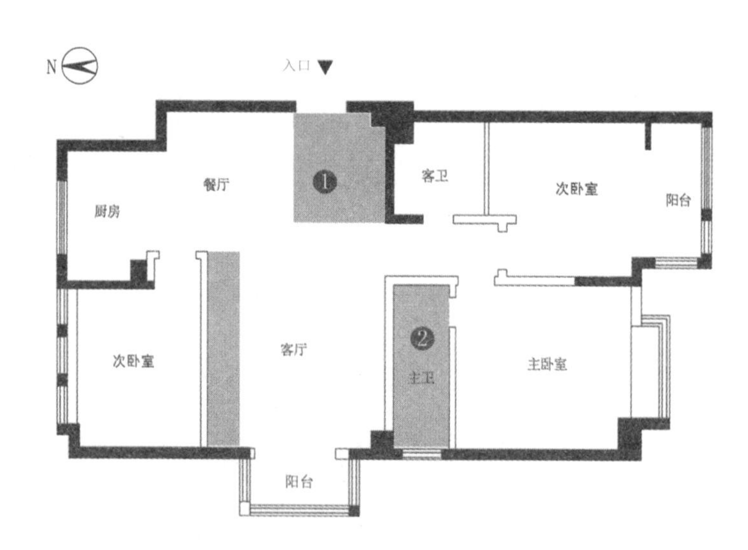

◆屋主需求

❶ 三口之家，需要两个卧室一间书房。

❷ 从室外容易看穿客厅，需要对视线进行阻隔。

❸ 户型大众化，缺乏个性，需展示屋主风格。

◆设计师意见

❶ 入户缺乏过渡区。

❷ 主卫空间狭长，利用不充分。

改造方案A：邻接式玄关保障居家私密性，餐厨空间一体化更开阔。

通过设置玄关隔断墙，打造家庭入户过渡区域。把厨房和餐厅空间打通，做全开放式，独立型的中岛和长形餐桌占据空间中心位置。

将主卫空间进行分隔，划分出三分之一的面积，设计成衣帽间。把主卧室的床头一反常态，安置在东墙，在西墙打造整面衣柜，让主卧室衣物收纳量翻倍。

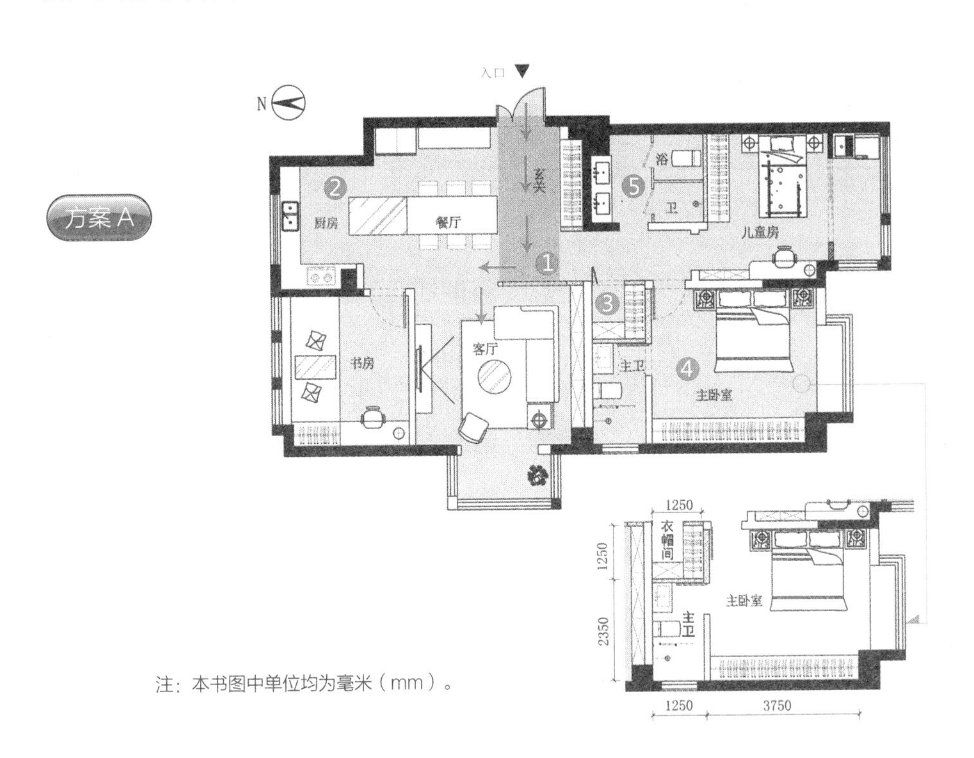

注：本书图中单位均为毫米（mm）。

设计说明

1. 家庭拥有完整的过渡区域。
2. 厨房和餐厅空间打通，安置独立中岛与餐桌贯通。
3. 主卫空间优化，打造衣帽间。
4. 主卧室床头靠东墙安放，也是一个新创意。
5. 客卫空间优化，设置成三分离式格局。

改造方案 B：满足屋主个性追求，拥有不一样的家。

屋主希望追求个性，接受能力很强，于是在室内空间中运用了大量的曲线线条。入户玄关区、餐厅壁龛墙、客厅吧台、电视墙、阳台休闲地台，这所有的一切都被一个大的波浪曲线所贯通，整个空间充满了艺术气息。在室内无法坐着欣赏外景，又无法私自降低窗台的高度，设计师只好运用反向思维，运用质感很强、纹理优美的松木板将地板架高，在上面摆放上茶台、坐垫，打造出一个休闲区域，或品茶或打坐或对弈，室外美景一览无余。

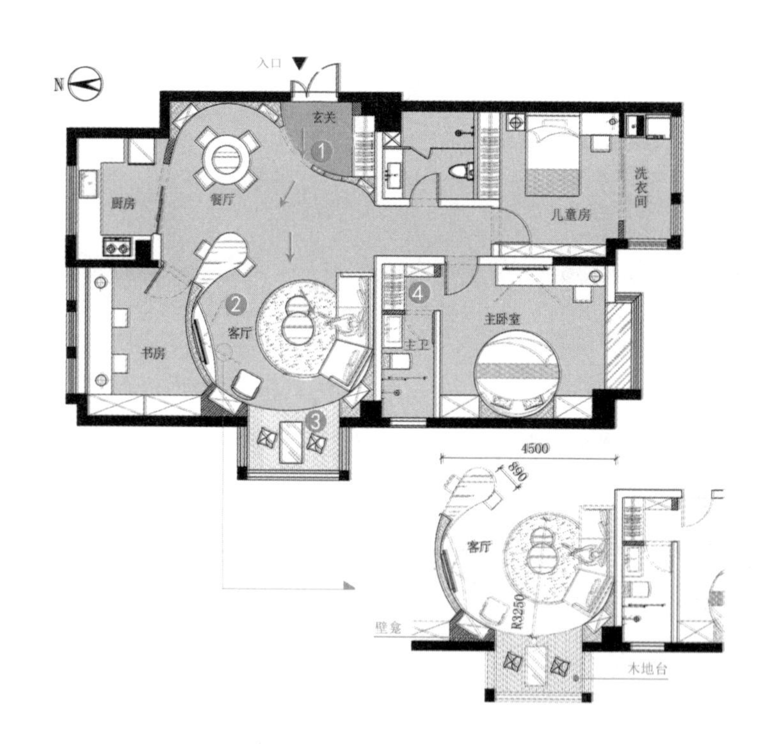

◆设计说明

❶ 玄关区利用大的S造型，设计出一个镂空的隔断。

❷ 将弧形电视墙和吧台结合在一起，在造型墙上设置壁龛。

❸ 客厅阳台设置为休闲区。

❹ 主卫空间优化，设置衣帽间。

◤方案 B 在线条运用上与方案 A 截然相反，方案 A 运用直线条，使空间简洁、干练，充满现代气息。方案 B 运用弧形波浪线条来分隔区域，使空间充满了独特的浪漫气质。◢

◆细节展示

1 利用弧线隔墙，自然过渡

入户空间设计异形过渡区，既从心理上创造出一个过渡性的玄关区，从视线上又不至于闭塞，在无声无息中，改变了人的入户动线。

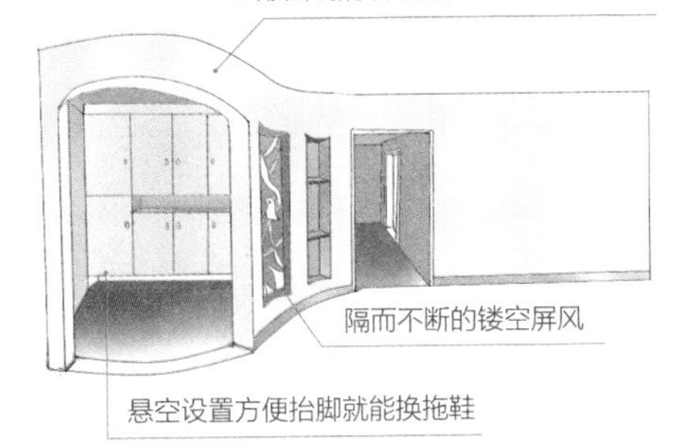

2 吧台、电视墙、休闲区一气呵成

把客厅与书房之间的原隔墙拆除，重新设计了一道弧形墙，把阳台休闲区、影视区及休闲吧台巧妙地连接在一起。结合餐厅区的弧形墙，整个空间充满灵动感，相互辉映。

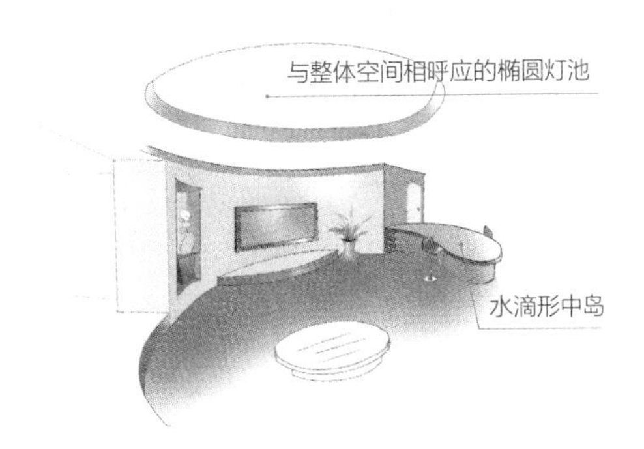

3 利用实木板架高地面

利用松木板将客厅阳台地面架高，并向客厅做适当延伸， 其地台立面也跟随客厅弧线进行弯曲设计，与空间整体形成呼应。地面的抬高，使窗台相对降低，欣赏室外景色更加方便。 在地台上品茶、聊天，让此空间成为最受全家人欢迎的地方。

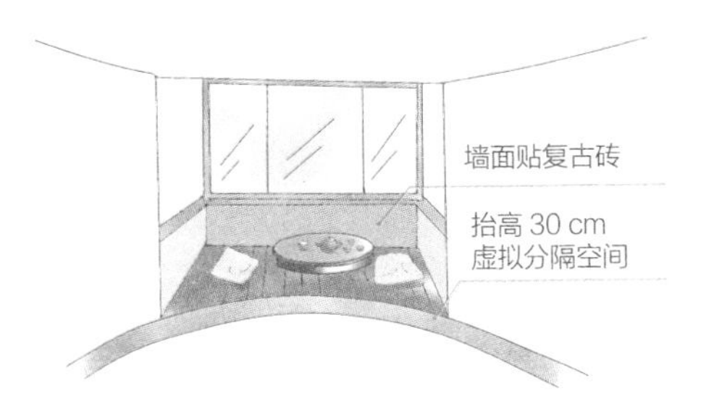

4 淋浴、盥洗、储物更便捷

主卫空间重新布局，把狭长的主卧室卫生间重新划分，分隔出一部分做成了穿衣间，解决了卧室收纳不足的问题。 这样的布局在洗浴时，动线更加流畅。

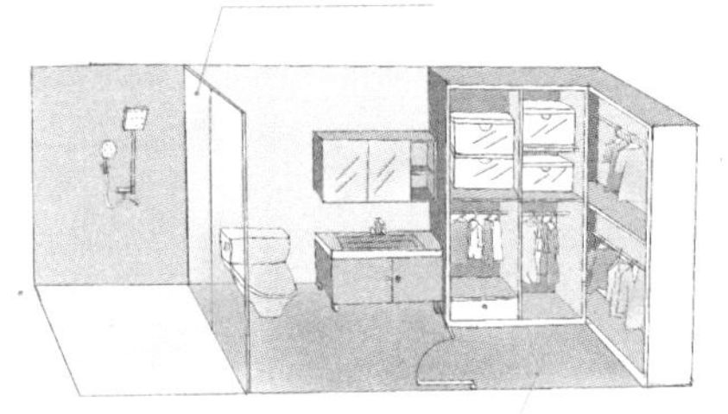

1-2 房间少却需求多，该怎么办

房屋信息		
	■建筑面积：88 m²	■居住成员：父母、孩子
	■原始格局：2 室 2 厅	■改造后格局：3 室 1 厅

C 夫妻三口之家，新购的房子是 2 室 2 厅布局。在装修规划上，希望能拥有相对独立的学习、阅读空间，同时还需要考虑有间客房，供来访的亲友留宿使用。

现实空间有限，要求又这么多，如何协调两者的关系？在这有限的空间中，设计学习、客房空间的同时，还要保证其通风、采光良好，看来唯有改变思维模式，对空间重新定义了。

改造前

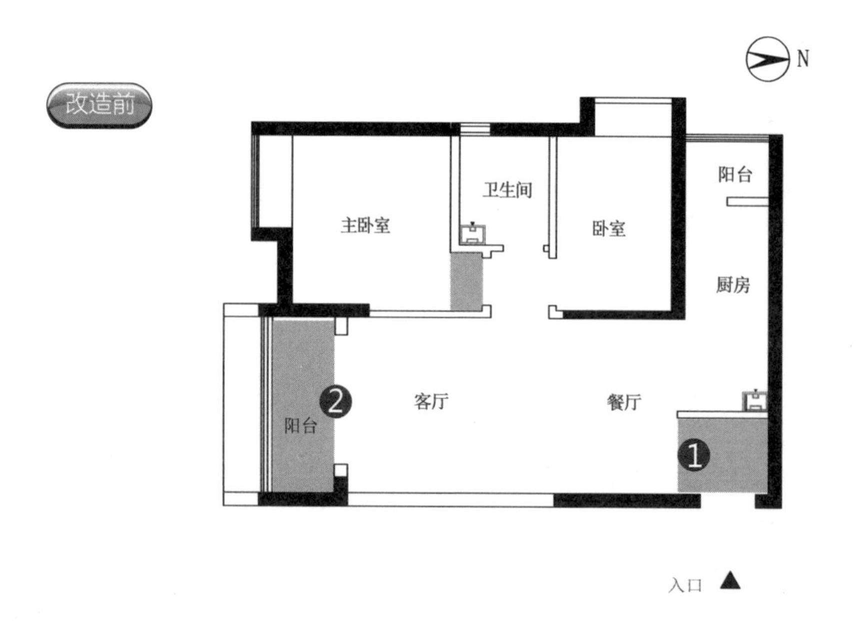

◆屋主需求

❶ 需要拥有学习、阅读的空间。

❷ 需要亲朋来访时的留宿空间。

◆设计师意见

❶ 入户缺少收纳空间。

❷ 靠窗大阳台只用作洗衣、晾衣，实在太浪费。

改造方案 A：弹性布局，阳台空间被打造为多功能房。

对格局进行研究后，发现家中采光、通风最佳的区域是生活阳台。在寸土寸金的大都市，通风、光照俱佳的阳台，只用作洗衣区，简直是浪费，必须对其重新利用——把阳台面积扩容，地面抬高做地台，改造为学习、休闲空间。一面墙安排书桌、书架，另一面墙设计卡座，既可在此学习阅读，也可在卡座区品茶休闲。当有来访亲友留宿时，拉开滑动门，就变成了独立的客房。

在入户玄关处打造充足的鞋帽收纳柜，其背面也可充分利用；设计为供厨房使用的置物架，使全家既拥有了完整的玄关区，又解决了入户收纳需求。与厨房相通的小阳台安排洗衣机、烘干机，解决了家庭洗衣问题。

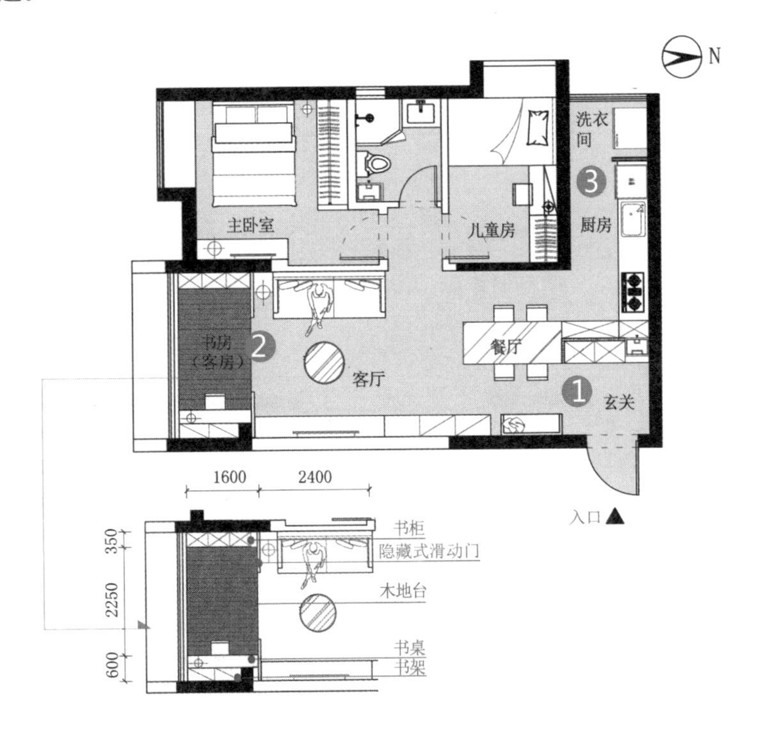

◆设计说明

❶ 利用玄关柜完整过渡玄关区，其侧面向长餐桌看齐。当人入户后，会被潜意识引导至客厅。

❷ 清风、阳光、实木地台、书籍、多宝格，原来的阳台成为家人们最爱的聚会中心。

❸ 洗衣间与厨房操作区使用玻璃进行分隔，以保障空间的采光度。烘干机的配置，使家人晾晒衣物摆脱了对天气的依赖。

改造方案 B：访客、屋主入户双动线，生活、储纳更方便。

在方案 A 的基础上继续升级——为什么客厅一定要安置沙发呢？把它去掉，让大长桌成为客厅的新主角，它既是家人在此看书、聊天、上网的场所，也兼具餐桌的功能，成为了家庭的核心。充分挖掘利用每一寸空间，在入户动线上分隔出一个家务间，让家庭收纳难题大为缓解。改造成双入户动线，使空间动线更通畅。将卫生间功能拆解，以便更好满足全家人的需求。看似一个小小的改动，使用效率却大大提高。

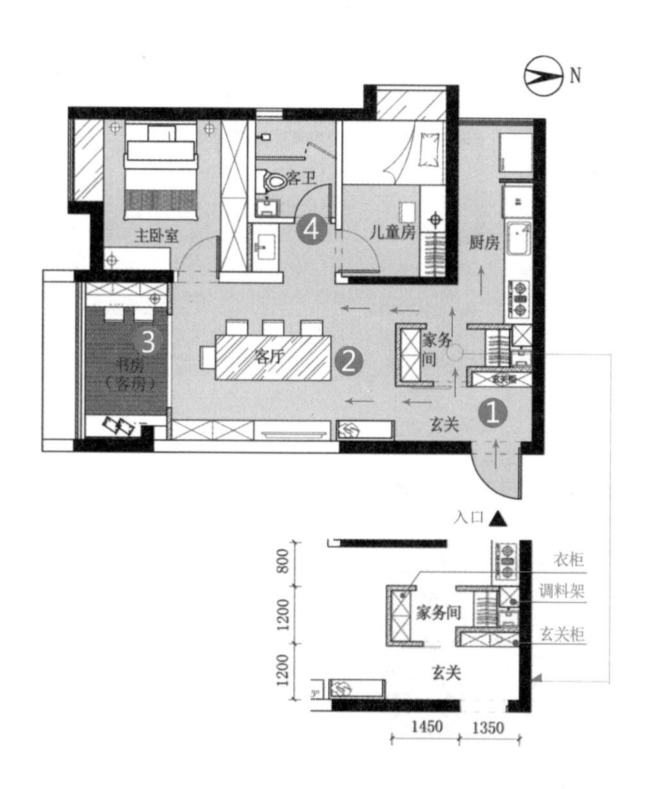

◆设计说明

❶ 设计玄关家务间。

❷ 大长桌取代沙发，成为客厅新主角。

❸ 地面架高设计，打造弹性空间。

❹ 卫生间盥洗区外移，形成干湿分离的格局。

◤方案 B 在方案 A 的基础上继续升级，不但保留弹性设置的书房，还设计了玄关家务间，形成入户双动线，卫生间格局也得到提升。◥

◆细节展示

1 入户双交通动线

主人动线与访客动线分离，主人进门后可以穿过玄关家务间，完成收纳后再进客厅。

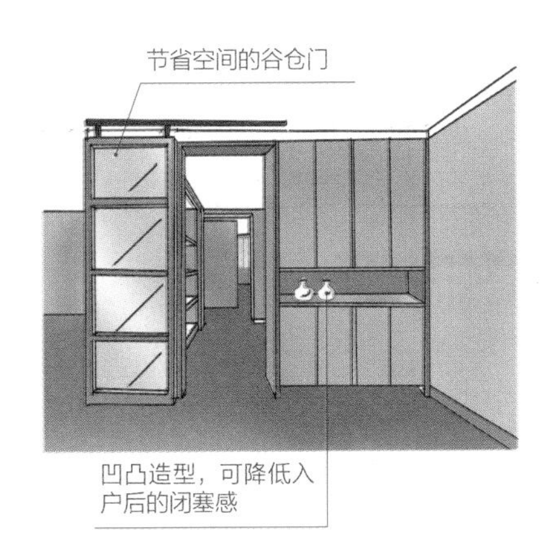

2 打造整面墙的收纳柜，满足储纳需求

充分利用空间，在客厅东墙打造整面的收纳柜。上下为封闭式，中间为开敞式，把物品按照有藏有露的原则进行收纳，也给电视墙预留了位置。

3 打造弹性学习、休息空间

摒弃传统衣物晾晒模式，将阳台地面抬高，打造为学习、休闲、住宿等多功能的空间。

4 壁挂式马桶，让空间更宽裕

主卧室门洞移位，以便给外迁的盥洗台留位置。马桶改为壁挂式，使空间更宽裕，卫生清洁也方便。

1-3 动线空间过大，降低了房屋空间的利用率

房屋信息		
	■ 建筑面积：140 m^2	■ 居住成员：祖父母、父母、孩子
	■ 原始格局：3 室 2 厅、暗卫	■ 改造后格局：3 室 2 厅、明卫

Q 夫妇为上小学的儿子新买的学区房，一家三口加上特意搬来照看孙子的爷爷奶奶，3 室 2 厅的房子正好满足居住需求。

仔细分析原格局，在细节布局上存在诸多小瑕疵——卧室门与客卫门相对，让人心生不适；客厅看似宽敞，但过道所占面积过大，导致有效使用面积减少；主卧室衣帽间的交通动线与收纳相冲突，有效使用面积也很小，如果入住，实际收纳不了几件衣物。

◆屋主需求

❶ 儿童房需要安置书桌。

❷ 尽量多设置储物收纳空间。

❸ 南卧室与客卫门对门，希望能进行调整。

◆设计师意见

❶ 客厅三分之一的面积沦为了交通过道。

❷ 主卧室衣帽间有效储纳面积小。

❸ 主卧室卫生间为暗卫，使用不便。

改造方案 A：主卧室空间融合更宽敞，玻璃隔墙让暗卫变明卫。

在餐区设计置物架，在入户交通动线上设置玄关墙，优化房屋视觉。老人房门移位，避开卫生间门。主卧室门也进行了位置调整，把床头位置对调，利用空余出的整面墙打造衣柜，解决主卧室收纳问题。把原本狭小的衣帽间拆除。卫生间改造为独立的马桶间、淋浴间，并用钢化清玻璃做隔墙，最大限度地增加了采光度。开放式的双台盆和休息区直接贯通，消除了原来暗卫带来的弊端。

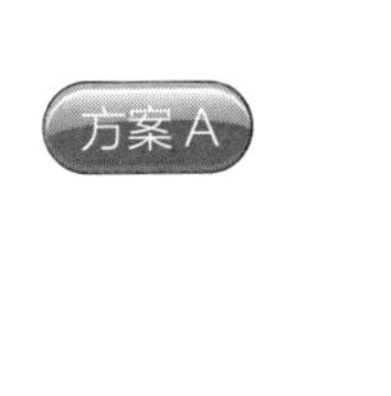

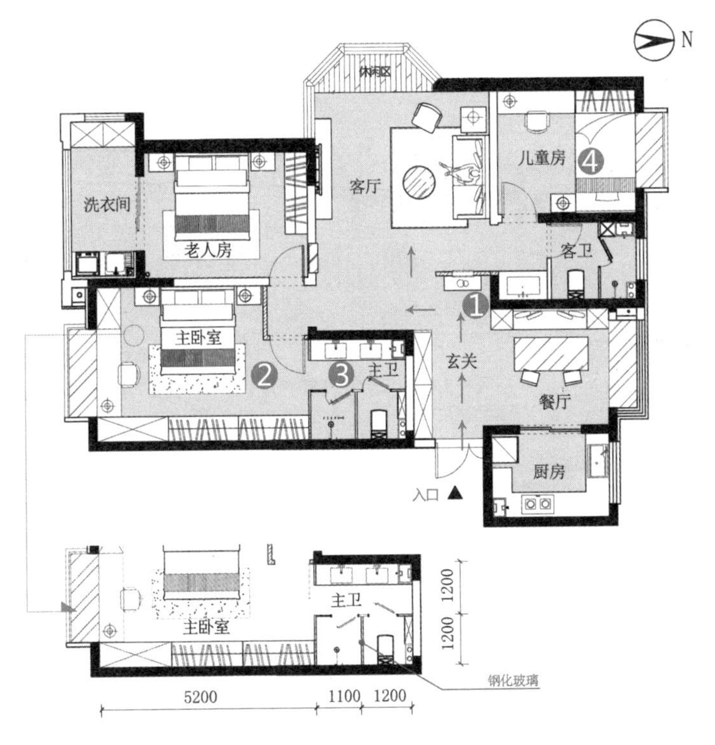

◆设计说明

❶ 在玄关区设置镂空隔墙，避免入户缺乏过渡区，防止视线穿透整个客厅。

❷ 拆除原主卧室衣帽间隔墙，让整个主卧室空间更加宽敞，入门及床体位置也做了相应调整。

❸ 主卫采用钢化玻璃做隔墙，室外自然光线可直接进入，一扫原来暗卫的使用不便。

❹ 在儿童房设计榻榻米，入门正对面设计书桌。

改造方案 B：打造椭圆形的过渡区，让空间层次更丰富。

运用曲线，打造出一个别具一格的包含式玄关过渡区。曲线墙面上还设计出陈列艺术品的壁龛，可以在灯光的衬托下成为视觉焦点。在地面上采用椭圆拼花造型，并在对应的顶面上设计椭圆形发光灯池，使整个造型浑然一体。主卧室格局调整，既增加了衣帽间的存储量，又改善了主卫的通风与采光，一举两得。

方案 B

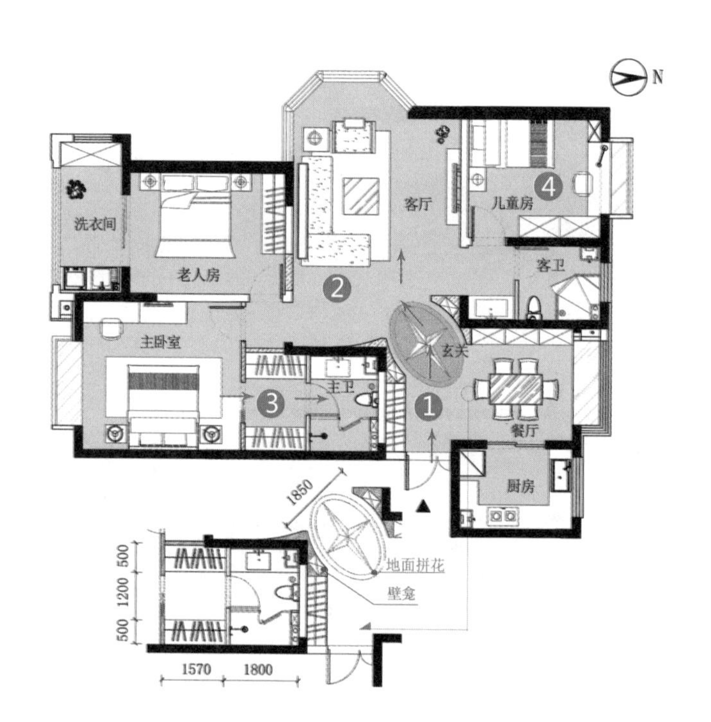

◆设计说明

❶ 舍弃平直造型玄关隔墙，运用椭圆造型、椭圆地面拼花、椭圆形发光灯池，打造出个性玄关区。

❷ 改变老人房门位置，避开客卫门，也增加了客厅的有效使用面积。

❸ 改动主卧室门位置及衣帽间的动线，不但增加了收纳空间，也让暗卫空间流畅了很多。

❹ 利用飘窗空间，在此设计了孩子的学习区，有效提高了空间利用率。

方案 A 中的主卧室睡眠区与衣帽间空间融合，通过玻璃隔墙改善了主卫的采光。而方案 B 调整衣帽间出入动线，达到了增加有效存储面积的目的，还一并改善了主卫的通透性。

◆细节展示

1 打造异形玄关过渡空间

运用一个椭圆造型，将玄关隔墙与收纳柜统一在一起。同时设计了摆放艺术品的壁龛，提升了房间的艺术品位。

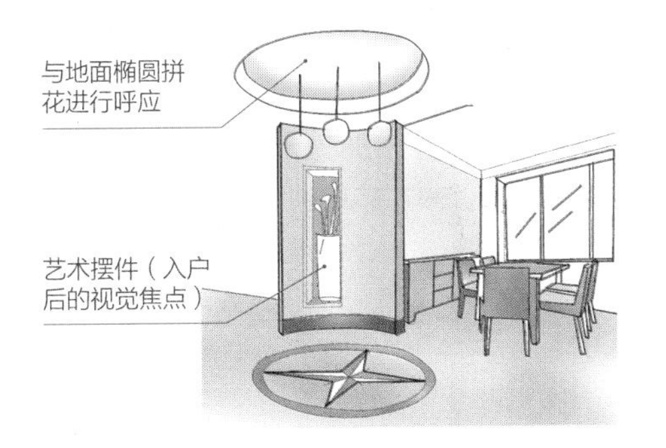

2 改动老人房门朝向

把老人房的入门封堵，改变位置开设在房间东墙。通过这样一个局部调整后，客厅的有效使用面积增加，摆放沙发更便利。

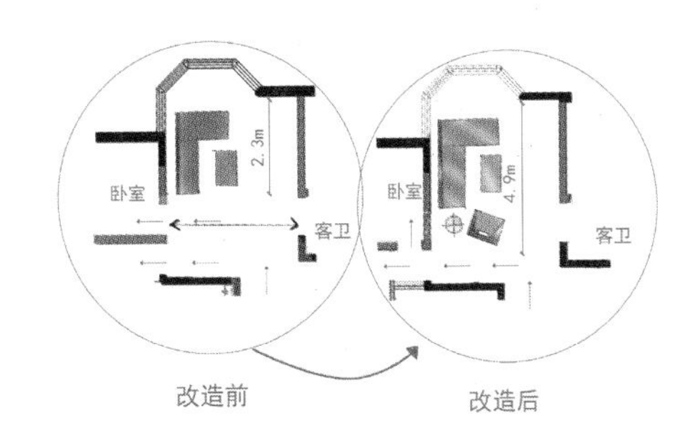

3 改动主卧室衣帽间格局

把主卧室入门向后退了一米左右，将原来衣帽间门封堵，在其南墙正中开门洞。这样设计的优势是衣帽间两侧的墙壁都能充分利用起来，比原始的空间设计利用率提高了一倍，室外的自然光线也能穿过衣帽间抵达主卫，减少了室内对人工照明的依赖。

提升卫生间采光度的玻璃门

开口直面睡眠区，空间变通透

4 打造不一样的学习区

将房间的窗户改为飘窗，其高度正好与书桌的高度一致。在设计上利用这个窗台外探几十厘米，将其改造为书桌，解决了房间面积狭小、无法摆放常规书桌的难题。

利用窗台打造的书桌

木质护墙板，防止墙体被孩子蹭脏

1-4 需要玄关、书房，还要收纳功能强

房屋信息		
	■ 建筑面积：89 m^2	■ 居住成员：父母、孩子
	■ 原始格局：2 室 2 厅	■ 改造后格局：3 室 2 厅

设计工作接手之初，委托人就明确提出，新家需要一个独立的书房。原餐厅区域光线充足，倒很适合。但新的餐区如何安排，又形成新的难题。

原 2 室 2 厅的户型设计，也有许多值得推敲的地方。客厅周边区域五扇房门，电视机与沙发都不知如何摆放。虽然是三口之家，但对储物空间的需求也很大，在两个卧室留足储物空间十分必要。

◆屋主需求

❶ 希望家中有一个独立的书房区域。

❷ 卧室尽量多设置储物空间。

❸ 不知道沙发与电视机如何摆放。

◆设计师意见

❶ 入户缺少过渡区。

❷ 客厅四面环门、一面环窗，不好布局。

❸ 卫生间狭小。

改造方案 A：卡座与玄关隔断结合设计，一举两得。

在入户的交通动线上，设计镂空隔断，区分出玄关过渡区，也使入户动线不再直对卧室门。利用隔断后的空间，安置了卡座餐桌，这样的布局和整体环境也很协调。原有的餐区调整为独立书房，让 2 室的布局变为了 3 室。隔墙稍作位移，借用了次卧室部分面积，给主卧室空出了整面储物柜的空间，使主卧室的储物能力大为增强，满足了屋主的生活需求。次卧室也因势利导，利用地台床节约的空间，配合拉帘打造了一个小衣帽间，一举两得。

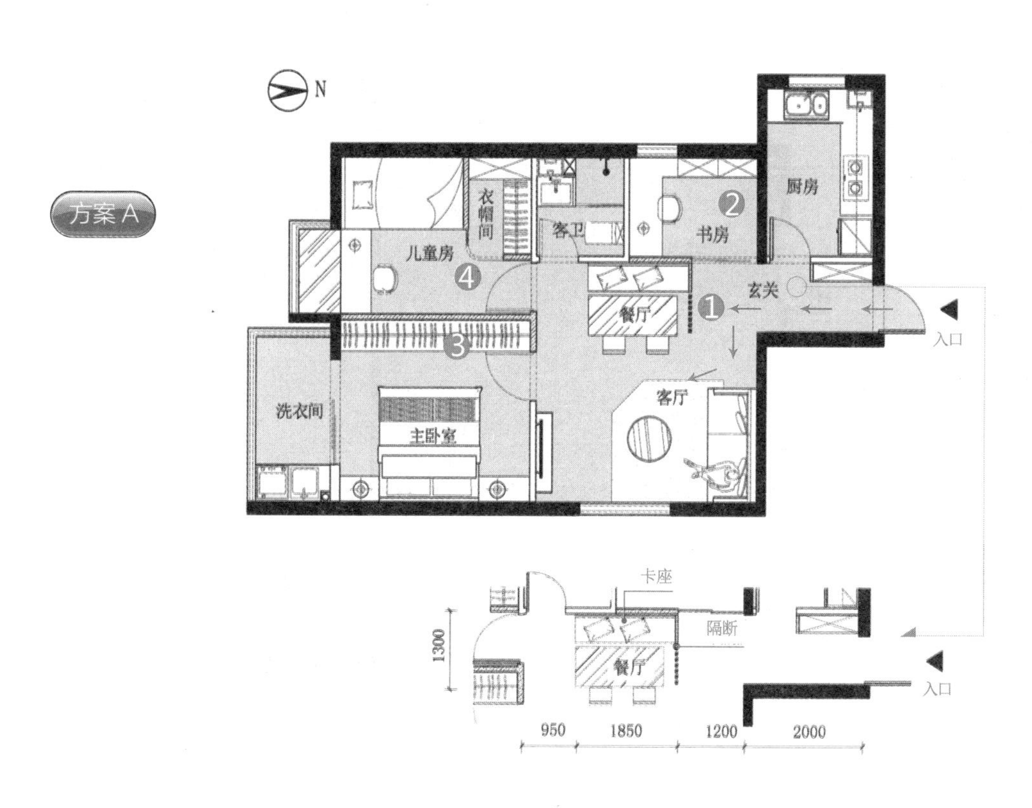

◆设计说明

❶ 餐区和玄关区一并考虑设计，入户后首先映入眼帘的镂空隔断，保障了居家生活的私密性。

❷ 原餐厅区域设计成独立的书房，可以在这个空间不受打扰地学习、看书、上网了。

❸ 把两个卧室隔墙进行调整，腾出空间给主卧室打造出大容量的衣柜。

❹ 在儿童房设计了步入式的衣帽间，使用拉帘进行闭合。

改造方案 B：布局旋转 30°，空间呈现独特气质。

打破常规设计思路，把电视墙和玄关柜一并考虑，并做顺时针 30° 旋转，让整个布局呈现出一种别致的效果。卫生间的面盆外移，让其干湿分离。虽然家中只有一个卫生间，但在使用率上大大提升，清晨高峰不用争厕所了。原先只用作交通的过道区域，并入新书房，家中的藏书也有了存放处。

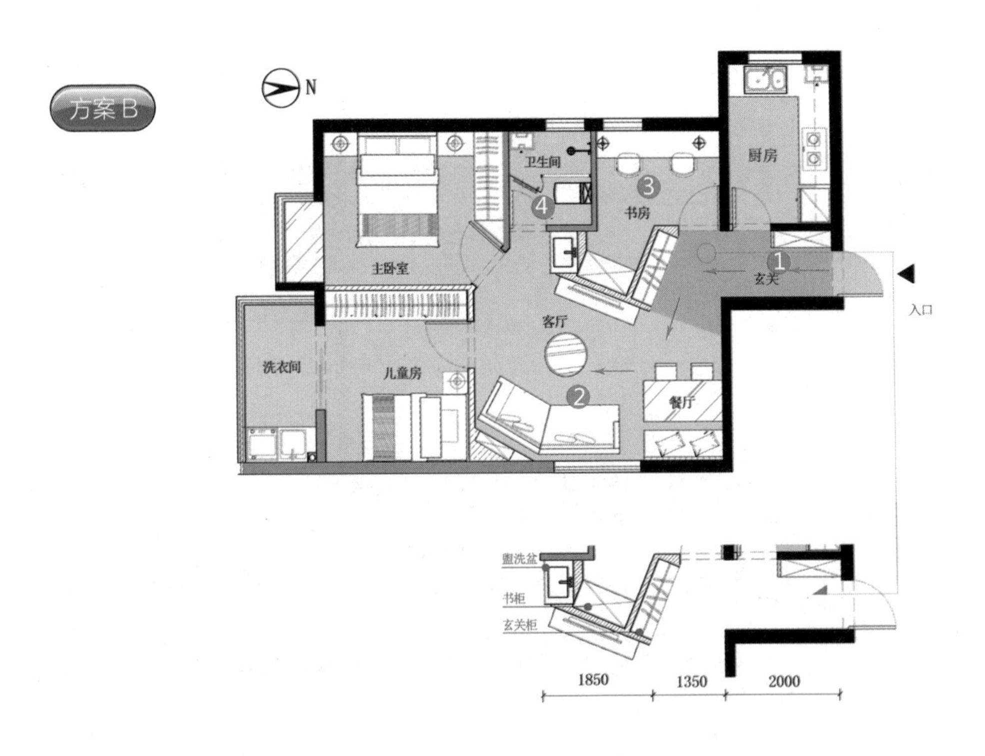

◆设计说明

❶ 把电视墙和玄关一并设计，同时做 30° 顺时针旋转，入户后映入眼帘的是一个个性玄关区，彰显了主人的品位。

❷ 沙发区与餐区并肩设置，沙发区后侧面打造异形壁龛，收纳工艺品。

❸ 原餐厅区域设置为独立书房。

❹ 卫生间盥洗盆外移，打造出干湿分离的格局，提高利用率。

方案 A、B 的布局思路有很大差别，主要体现在客餐区与玄关区。方案 A 为常规设计，而方案 B 突破常规，更为业主接受。

◆细节展示

1 独立玄关区

在入户正对处，设计玄关柜。为避免呆板，将玄关柜旋转，空间顿时变得灵动。

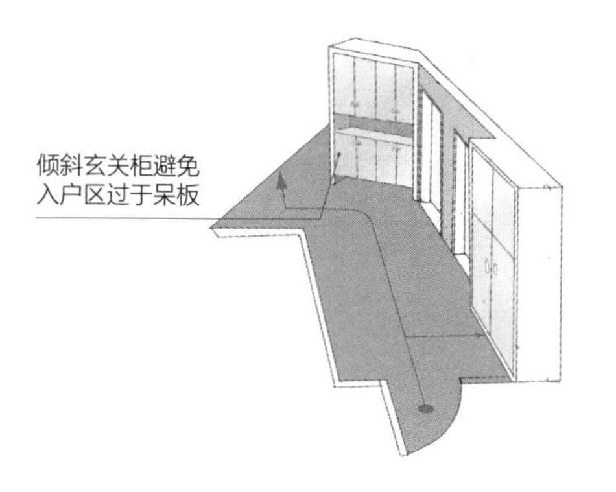

2 设置异形客厅

客厅与玄关柜的有机结合，解决了家具布置难题。为了和电视墙呼应，在沙发区也进行了适当的倾斜设计。突破常理的布局让空间具有独特的气质。

3 满足多人使用的工作台

在光线充足的窗前，设计同时满足多人使用的大工作台，父母与孩子可以在这里一起看书、学习。

4 卫生间干湿分离

把卫生间盥洗盆外移，这样原卫生间布局更舒适，使用效率也更高。

设计百科

玄关鞋柜种类

1. 嵌入式鞋柜，美观实用且节省空间。
2. 隔断式鞋柜，与屏风一体设计，兼具实用性和美观性。
3. 平行式鞋柜，视觉效果好。
4. 阶梯式鞋柜，既用于存放鞋子，还可用作鞋凳。

1-5 如何拯救怪异的“手枪”户型

房屋信息

■ 建筑面积：105 m²　■ 居住成员：父母、女儿、儿子

■ 原始格局：3 室 2 厅　■ 改造后格局：3 室 2 厅、衣帽间

W 夫妇购买的这套房子，就是典型的“手枪”户型——推门入户后，直接面对长达 9 m 的大长廊。长廊在日常生活中只能用作交通过道使用，造成面积浪费。另外入户门与卫生间门处于一条线上，私密性也没有保障。一日三餐所使用的厨房空间狭小，如果两个人进厨房则不好转身。家中唯一的卫生间也很紧张，洗脸、刷牙、如厕、洗澡全在这个小空间里，生活起来很不方便。虽然拥有 3 个卧室的布局，但摆放完床后也没有足够的储物空间了，家中拥有一个独立的收纳间是业主的最大需求。

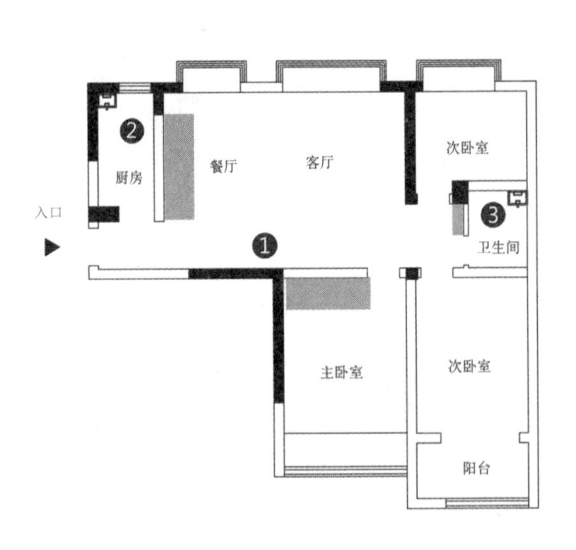

◆屋主需求

1. 希望拥有步入式衣帽间。
2. 入户见卫生间门，需要改进。

◆设计师意见

1. 入户大长廊，面积浪费。
2. 厨房狭小局促，只能容下一人操作。
3. 卫生间狭小，没有充足的洗浴空间。

改造方案 A：客餐厅、厨房，东西大贯通，消除原有的局促感。

在入户后的正前方设置玄关柜，用以满足收纳需求。改动入户动线，折弯进入客厅，避免干扰原长廊空间，让原本无法利用的过廊得到充分利用。一部分变为客厅储物空间，另一部分并入主卧室，使家庭拥有了独立的收纳空间。改动厨房格局，与客餐厅空间打通，整个空间豁然开朗。打造中岛操作台，使厨房有效面积增加。

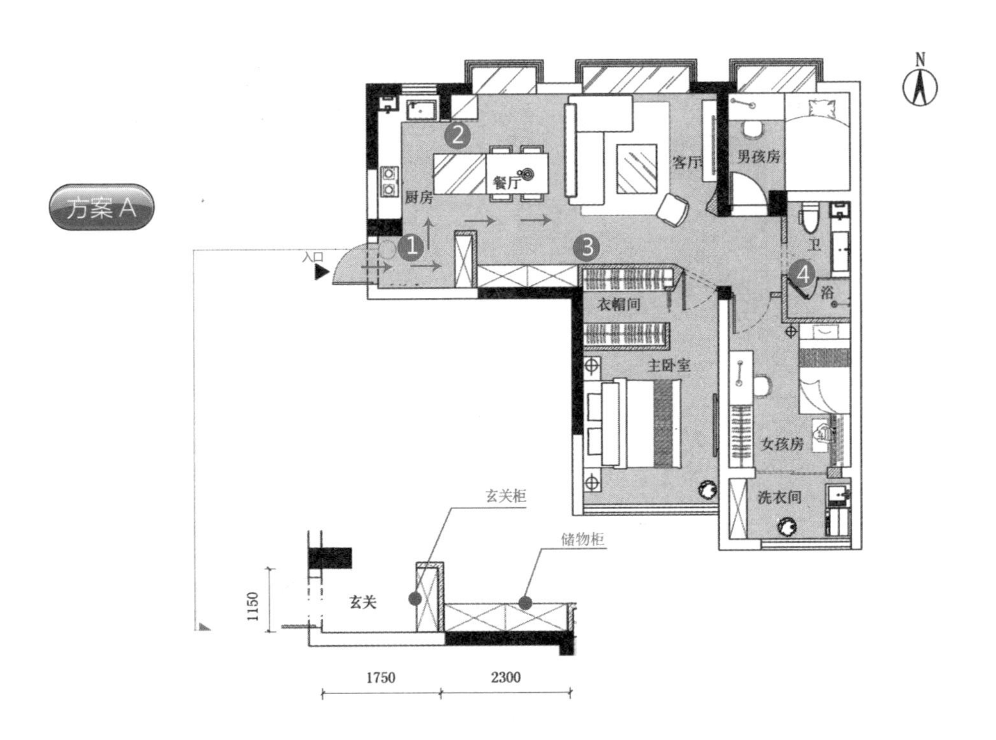

◆设计说明

❶ 设置独立的玄关过渡区，打造出充足的收纳空间，入户动线得以优化。

❷ 厨房与餐厅打通，设置中岛与餐桌相连。

❸ 原本完全浪费的大长廊，得以利用——一部分设置为玄关衣帽柜，一部分并入主卧室。

❹ 卫生间扩容，拥有了独立的淋浴房。

改造方案 B：长廊局部并入主卧室，打造出独立衣帽间。

厨房格局变动，让原本一字形的空间变为 U 形，厨房与餐厅呈现半开放式布局，空间变得流畅。起居空间做顺时针 90° 旋转，呈现出另一种别致的效果。充分利用空间，在电视墙的后边区域打造了一个独立储物间，解决了家庭储物空间不足的难题，也使空间变得更紧凑。 卫生间的盥洗盆外移，释放面积以便能更从容地安置浴房。

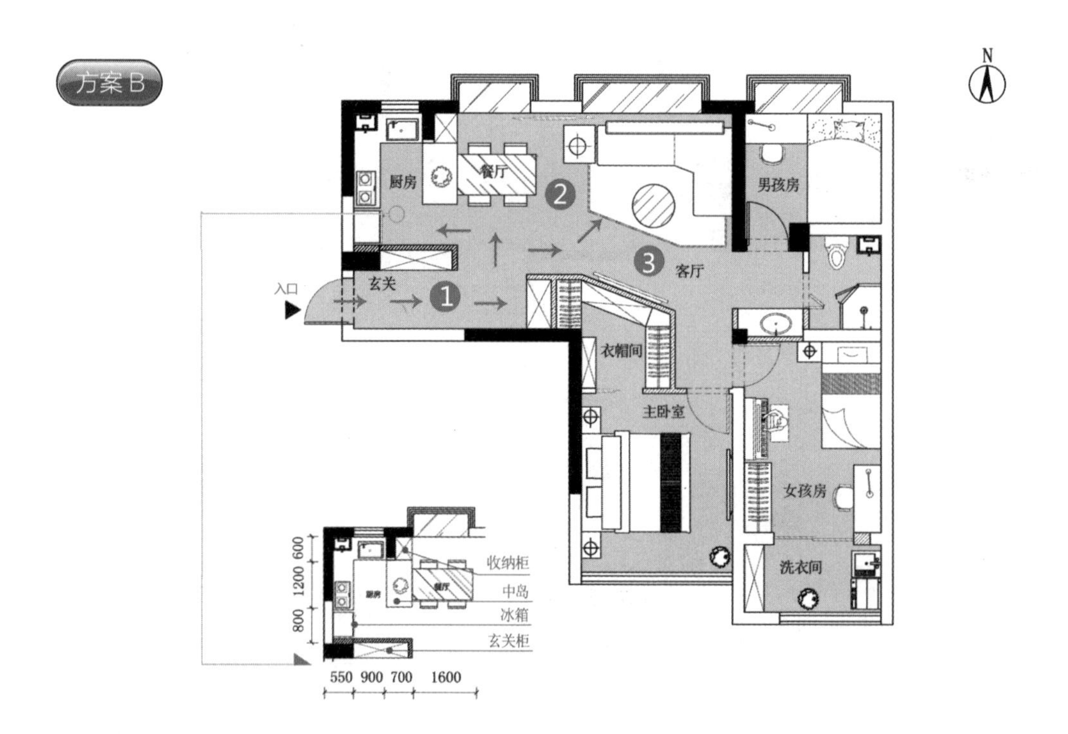

◆设计说明

❶ 打造入户玄关过渡空间，并设计了大容量的收纳衣柜。

❷ 客厅、餐厅、厨房大开大合，空间更加流畅。

❸ 客厅成不规则的布局，使业主获得不一样的体验。

◤方案 A、B 都改变了入户动线的方向，便于充分利用走廊空间。方案 A 将客餐区、厨房全部贯通使用。方案 B 将原本东西摆放的沙发区，改作了南北方向摆放，又呈现出另一种效果。◥

◆细节展示

1 客厅、餐厅开敞贯通

设置独立玄关区，改变入户动线。解决收纳问题，增加家庭私密性。

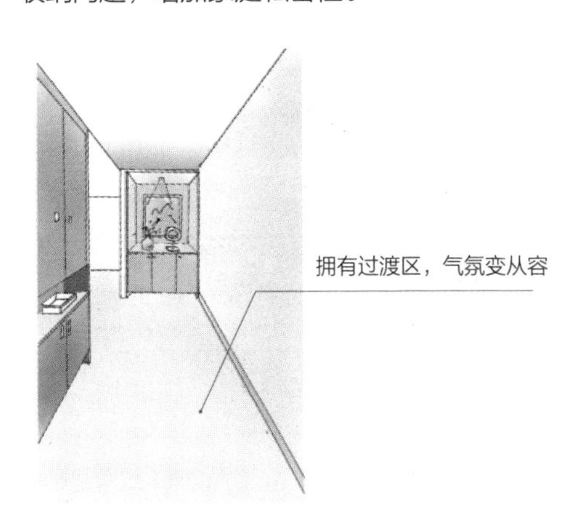

2 厨房调整，动线更加科学

改变厨房旧有的格局，向着客餐厅敞开。在操作台与餐区之间设置岛台，扩大了厨房的操作面积。利用岛台侧面与北墙之间的间隙，打造了一个酒柜，用于存放酒水或者餐具。

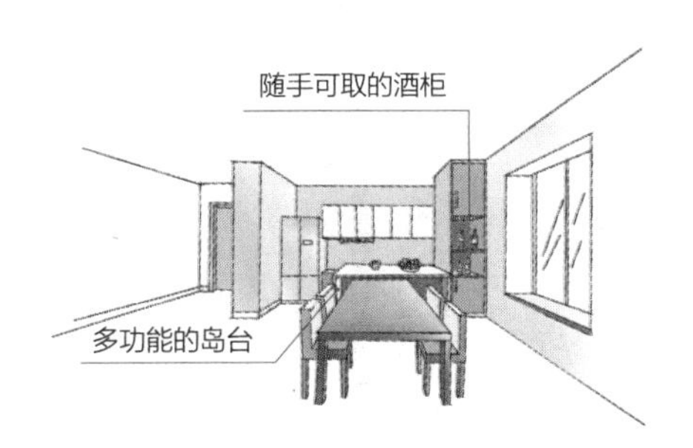

3 客厅空间利用最大化

利用走廊空间，将之并入卧室的步入式衣帽间，同时改变客厅布局，使空间利用最大化。

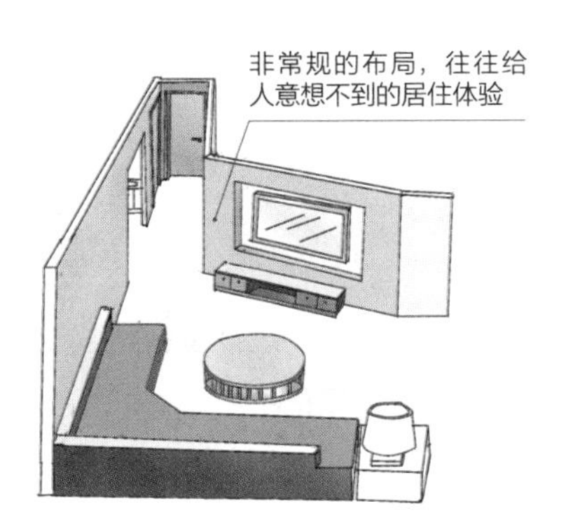

4 男孩房打造地台床

男孩房面积比较狭小，为了充分利用空间打造了地台床，既方便孩子玩耍或睡眠，下边又可以收纳不常用的换季物品。在窗前还安排了书桌，方便孩子学习。

1-6 四口之家两室户型，还需要增加一间男孩卧房

房屋信息
- 建筑面积：95 m^2
- 居住成员：父母、两个孩子
- 原始格局：2室2厅
- 改造后格局：3室2厅

之前的原始格局在规划上存在缺陷，没有玄关过渡的概念。推门入室视线凌乱，入户门与主卧室门在一条直线上，更没有考虑归家收纳的需求。本应是空间核心的餐厅蜷曲在房间僻静角落，采光也不理想，一日三餐都需要开灯照明，这样的生活心情怎能舒畅？家庭里有两个孩子，现有的两间卧室显然不够用，需要再增加一间卧室才行。

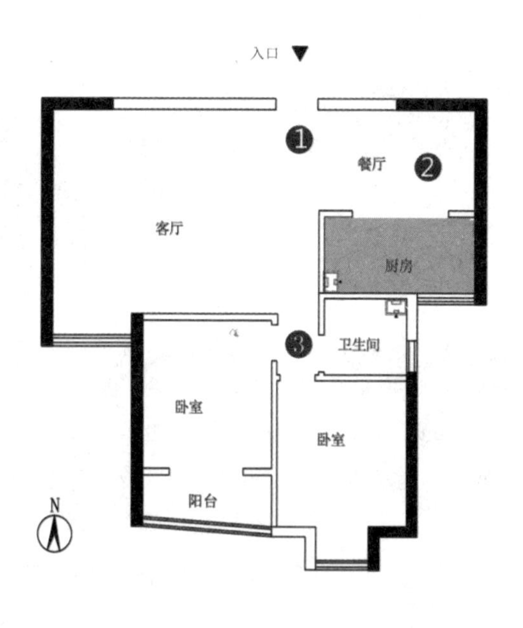

设计师调整空间

◆屋主需求

❶ 希望家中拥有三个卧室。

❷ 有一个可以上网、看书的区域。

◆设计师意见

❶ 入户后缺乏过渡，也没有合适的收纳空间。

❷ 餐厅处于空间一角，位置不合理。

❸ 主卧室门正对室外门，私密性较差。

改造方案 A：厨房整体逆时针旋转 90°，还兼具用餐和吧台功能。

首先将厨房整体旋转 90°，同时在布局上纳入用餐和吧台功能。它的改动，可以增加卧房的空间。其侧墙也正好变为入户后的玄关墙，一举解决了缺乏入户过渡区的问题。同时厨房交通具备洄游功能，动线更流畅。利用厨房腾挪空出的位置，外加原餐区的空间，划分出了一个玄关收纳区和卧室空间。

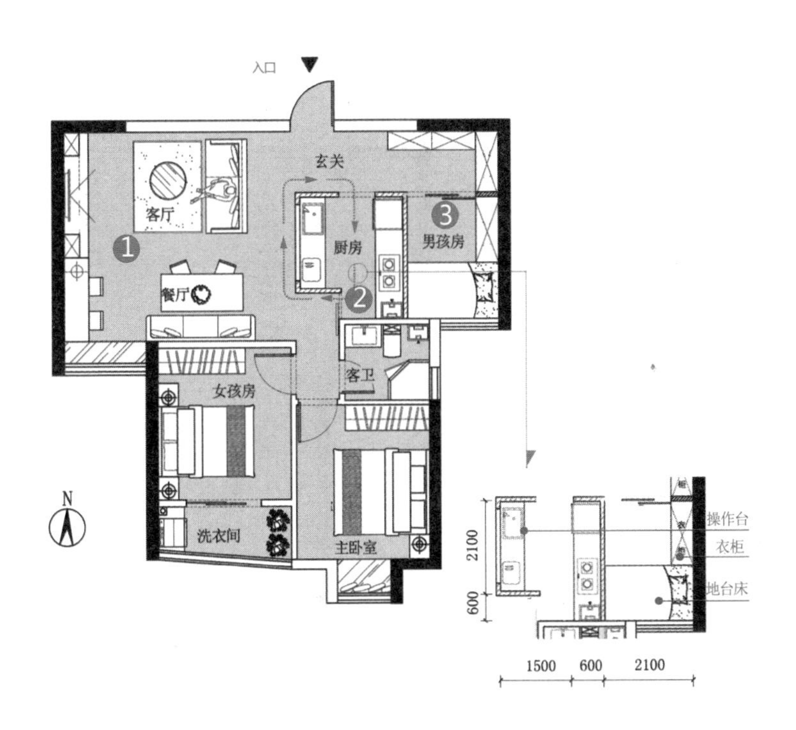

◆设计说明

❶ 客厅、餐厅、学习区一并考虑，在不影响使用舒适性的前提下，空间利用率大大提高。

❷ 厨房位置逆时针旋转 90°，变为半独立、具备洄游动线的区域，其外侧面成为入户玄关的端景墙。

❸ 利用移动厨房省下的空间，改造出了玄关收纳区域及男孩卧室。

改造方案 B：改动厨房门洞朝向，从容增加一间卧房。

迎门设置玄关屏风来阻隔视线，从心理上划分出了过渡区。左手侧打造容量大的玄关柜， 入户后的视线不再混乱，然后挂衣、右拐，动线更合理。改变厨房开门位置，直接朝向客厅区域，通风、采光更充足。利用了原来餐区空间，改造为男孩房，空间得到最大利用。

方案 B

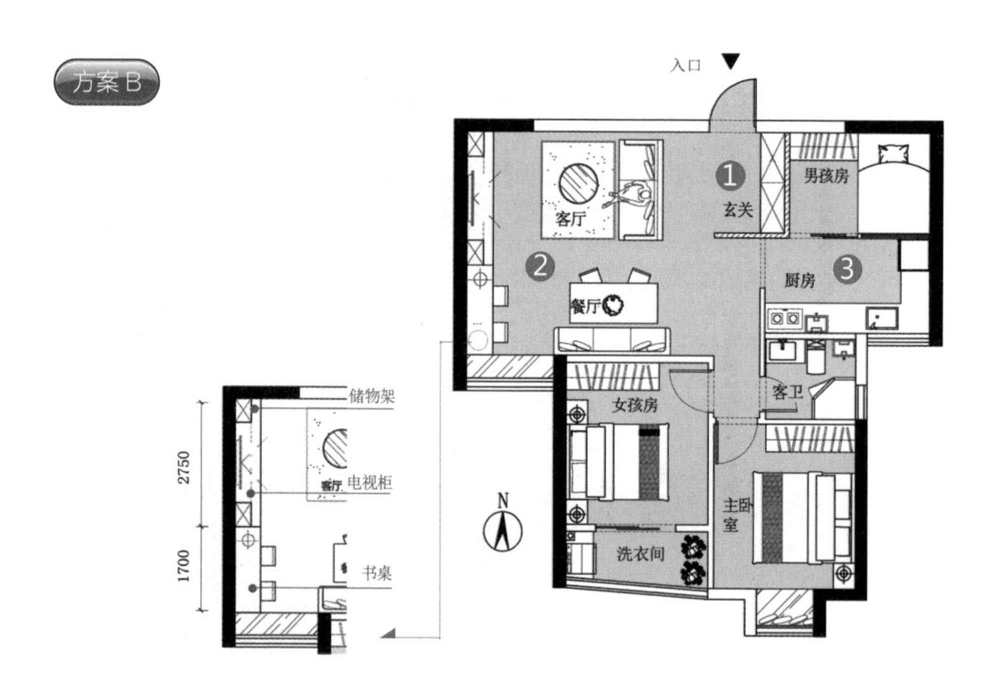

◆设计说明

❶ 设置入户玄关过渡区，整体空间品味得到提升。

❷ 将客厅空间充分利用，同时解决了起居、进餐、学习等一系列生活需求。

❸ 新增加的男孩房与厨房共享交通动线。厨房门洞朝向客厅区，使用上更便捷。

◤方案 A 、B 都对厨房进行了调整，将原餐厅区域打造为男孩卧室，但在具体手法上存在很大差别。方案 A 将厨房逆时针旋转 90°，而方案 B 改动了厨房门洞的位置。◥

◆细节展示

1 打造独立玄关过渡区

迎门设置屏风，打造过渡玄关，实现公私分区。入门左手处设计玄关柜，便于存放使出入时的外套、鞋帽，拥有了过渡空间，出入更从容。

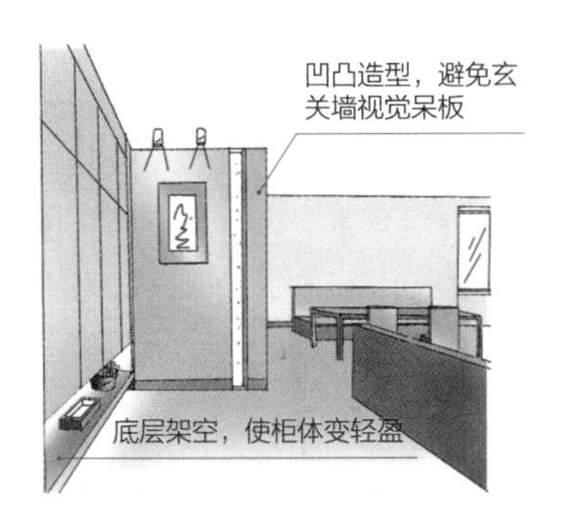

2 客厅空间利用更紧凑

把客厅区域充分利用起来，将起居空间、餐区都有序安排。在客厅采光最充足的地方，设计了书桌阅读区，满足了家庭的学习需求。

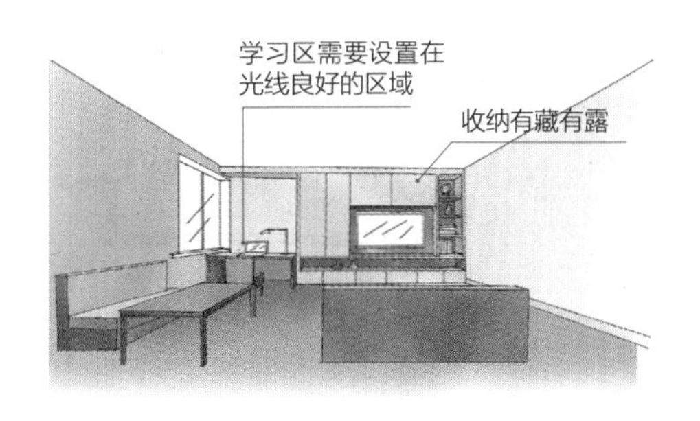

3 厨房门洞位置进行了调整

厨房门洞由原来的北朝向改为了西向，直接面向客厅区，空间也更宽敞。新设置的男孩房也可以与其共享交通过道。

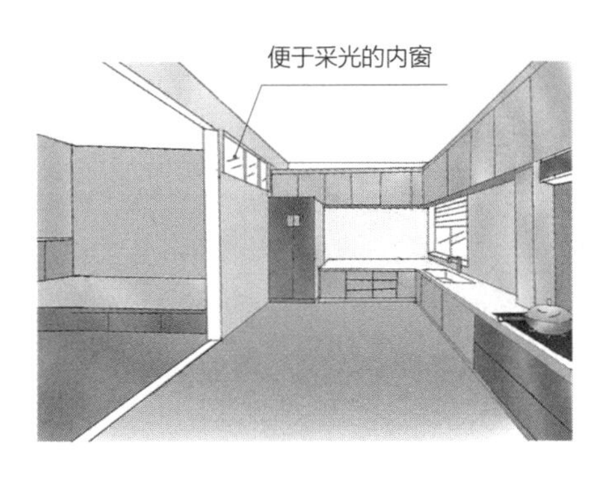

4 明亮、舒适的男孩房

新设置的男孩房，休息、学习、储物功能齐全，并利用横长窗和玻璃滑门，将室外自然光线通过厨房引入其中。

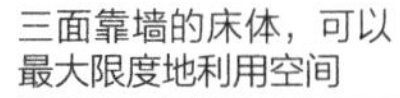

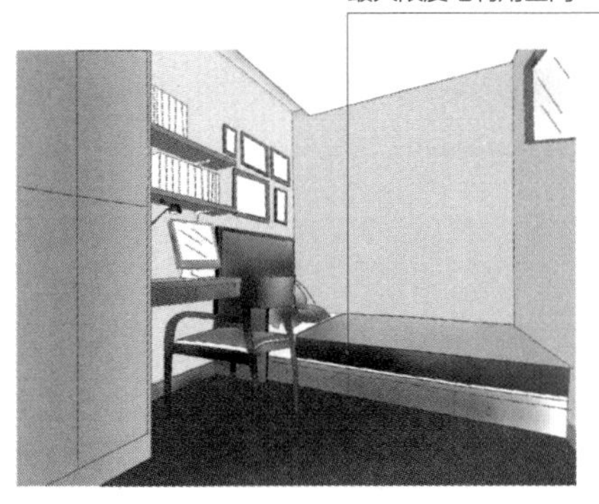

1 巧设玄关

1-7 注重细节，主人渴望拥有过渡空间

房屋信息

■ 建筑面积：130 m^2　　■ 居住成员：父母、孩子

■ 原始格局：3 室 2 厅、双阳台　　■ 改造后格局：3 室 2 厅、单阳台

这套房型主要存在两点让人不满意的地方：一个是餐厨区，一个是北阳台，这两个空间琐碎、狭小还拥挤，无论是布置厨房操作台，还是安排餐桌都不理想。最为头疼的是推门入户，直对卫生间门，不但视线凌乱，还使人感到晦气。在具体布局要求上，需要两间卧室、一间书房、一个放松心情的休闲区。

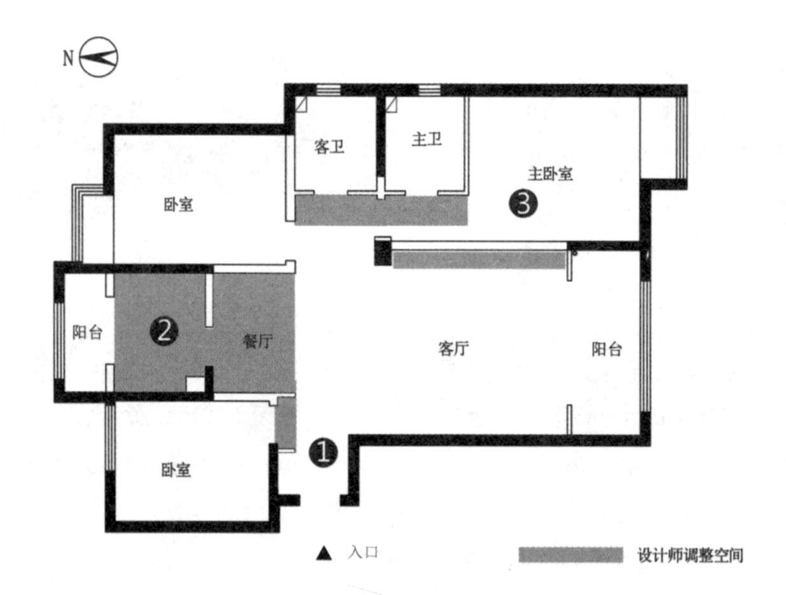

◆屋主需求

❶ 入户需要一个舒缓的过渡空间。

❷ 需要两个卧室、一间书房。

❸ 希望拥有休闲放松区。

◆设计师意见

❶ 入户门正对客卫门，缺少私密性。

❷ 厨房操作空间狭小。

❸ 主卧室储纳空间不能满足屋主的需求。

改造方案 A：化繁为简，椭圆餐厅有情调。

改动玄关相邻卧室门开启方向，借此在入户后的左手旁拥有整面的收纳空间，解决入户收纳的需求。把琐碎的小阳台与厨房打通，让整个烹饪区通透宽敞起来，布局操作台更加方便，它才是家庭生活中的能源动力区。弧形餐区的规划，外加椭圆餐桌的布局，使得整个空间变得生动活泼，也让房间在入户后拥有了一个独立式的玄关过渡区域，消除了困扰主人的难题。

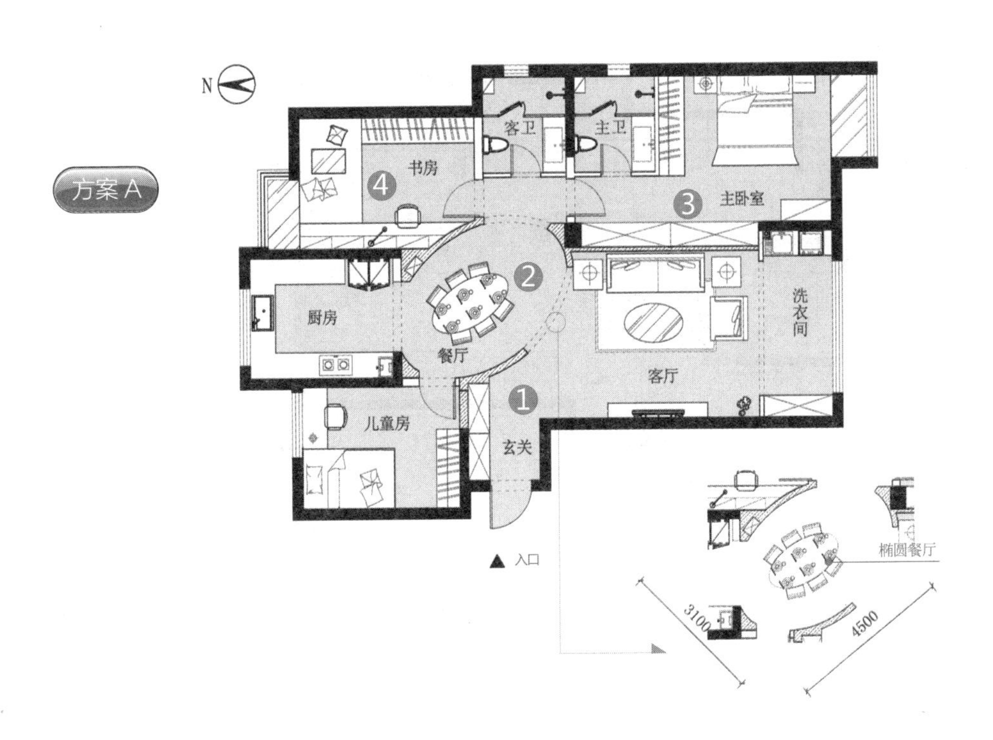

◆设计说明

❶ 儿童房门移位，加大了玄关柜的面积。弧形隔墙的设计，避免了入户直视卫生间门的尴尬。

❷ 利用弧形隔墙，因势利导设计出了一个椭圆形的餐区。

❸ 把主卧室与客厅的隔墙外移，打造整面墙的衣柜，满足了家庭收纳的需求。

❹ 原来的北卧室定位为书房兼临时客房。榻榻米地台既可睡眠，也可休闲。

改造方案 B：盥洗区外移，形成环状动线。

既然两个卫生间都狭小、局促，不如改变传统思维进行整合，只保留一个客卫。把功能进行拆解，形成化妆、如厕、洗浴、洗衣四分离的格局，同时还与主卧室保留环线交通，既让主卧室保持原有的便捷，又多出一间独立的穿衣间，岂不快哉。利用盥洗区的隔墙，形成邻接式玄关过渡区，所有担心、不满都烟消云散。

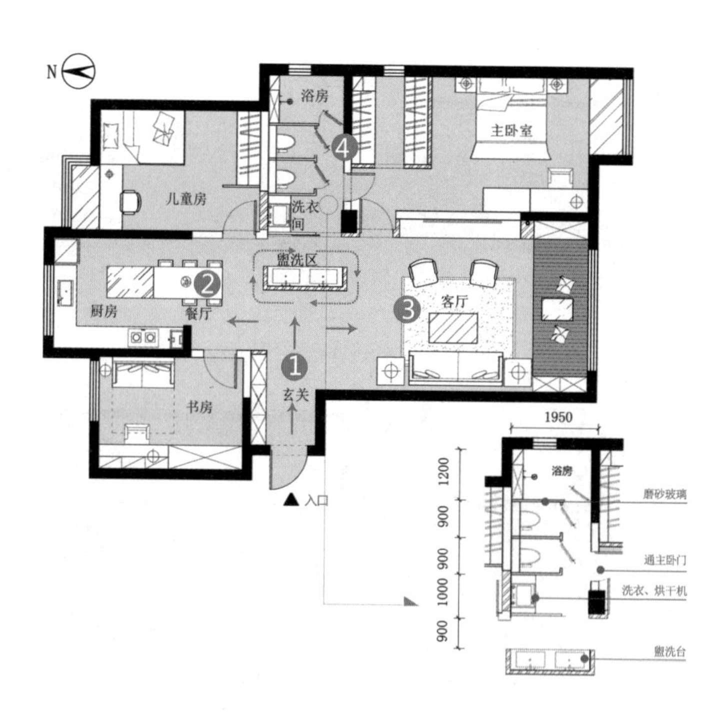

◆设计说明

❶ 盥洗区与玄关墙结合，使空间拥有完整玄关过渡区。

❷ 厨房、餐厅、北阳台空间打通，设置中岛，生活更方便。

❸ 南阳台与客厅打通，设计品茶区，空间更加流畅。

❹ 四分离卫生间，形成完整家务动线。

方案 A 利用弧形隔墙打造出一个椭圆形的餐区，方案 B 将两个卫生间合而为一、功能分离，利用节余出的空间给主卧室配备了一个独立衣帽间。

◆细节展示

1 打造完整玄关过渡区

入户左手处为玄关柜，用以收纳鞋帽、外套。抬头向前看去，是完整玄关墙，避免了直视客卫门的尴尬。

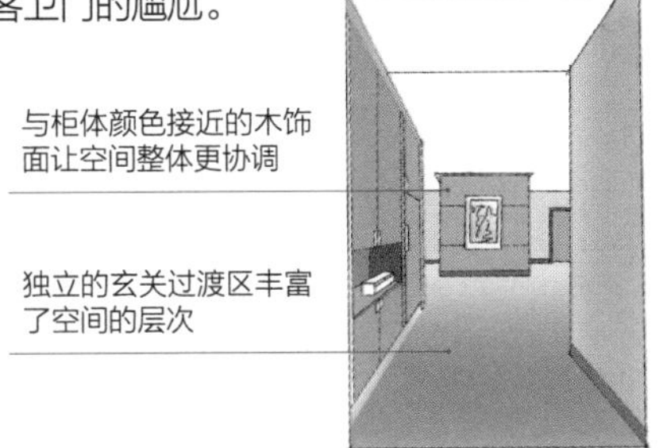

2 厨房空间化繁为简

厨房与北小阳台空间打通，使用空间更大。餐厨一体设计，更加符合现代人的生活习惯。

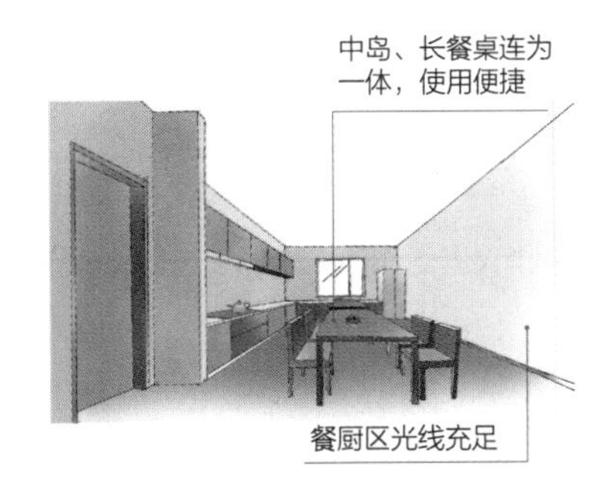

3 客厅与南阳台空间打通

将客厅与阳台之间的垭口隔墙拆除，靠窗的局部地面架高，设计成休闲区。在其侧墙面打造了书架，用以安置藏书或艺术品。

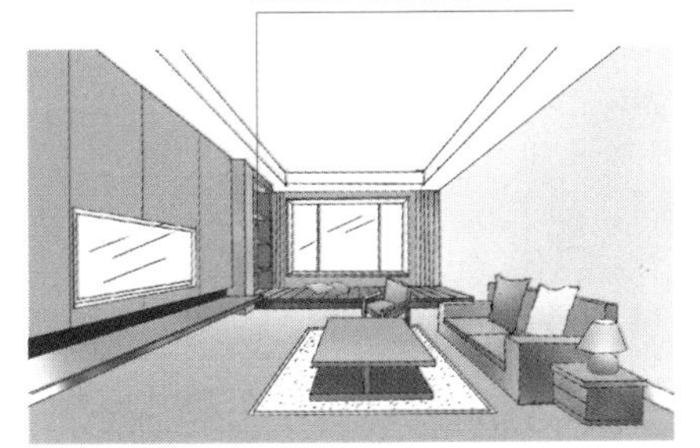

4 双卫合而为一

将双卫空间进行了整合，在原先客卫的基础上，进行扩容和功能分离，利用节余出的原主卫空间，设计了一个独立的衣帽间。

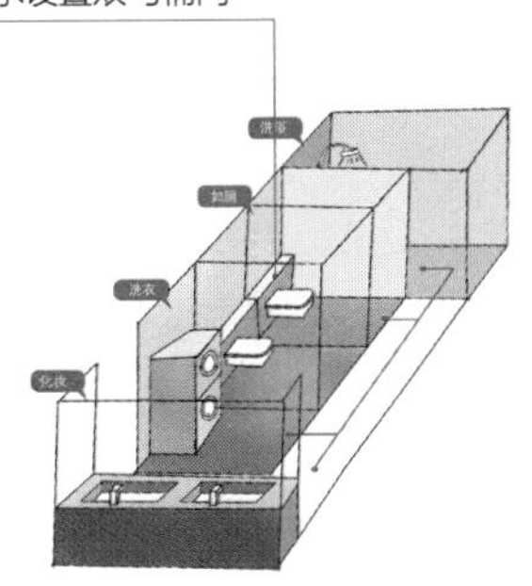

设计百科

玄关设计注意事项

1. 储物空间充足，避免物品杂乱无章地摆放。
2. 作为出入频繁的区域，应选用耐磨易清洗的地面材料。
3. 保证采光充足，可选择感应式玄关灯，保障晚间进入室内时的安全。
4. 可设置艺术饰品或照片墙，烘托愉悦气氛。

2

合理收纳

告别脏乱差，让家井然有序

拥有充足的储藏空间，能有效减轻家务负担，易于保持室内环境的整洁，也是住宅舒适度的一个重要指标。

新房拿到钥匙开始装修，以最新时尚杂志为参照，装修完成后效果很漂亮，豪华大吊灯、光彩照人的大理石地面、水晶漆面的实木家具，吸引着左邻右舍都来参观。但入住一段时间后，发现居住效果和设想大相径庭，到处是成堆的物品——入户后衣物没地方挂，堆在了餐椅和沙发上；客厅茶几上放满了生活用品；卫生间的台盆上堆满了洗化用品；厨房的操作台上摆满了餐具、食材。

造成上述情况，一方面可能是因为屋主不善收拾，家务能力差；但更多家庭的主要原因是房屋的布局及收纳规划没做好，才导致“收拾来收拾去依旧凌乱不堪”的局面。

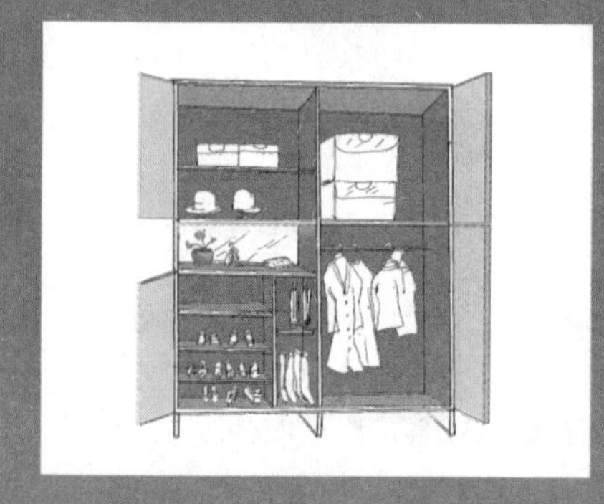

小贴士

收纳常见问题：① 预留不足；② 空间利用不充分；③ 位置不合理；④ 物品不归类；⑤ 存取不便；⑥ 产生卫生死角，不便于清洁。

许多业主委托机构进行新房装修设计时，强调一定要“实用”，就包含要充分考虑入住后的收纳问题，这也表明大家对这一问题的日益重视。居家收纳的物品林林总总，按照使用性质大致可分为以下三类：

1. **服装被褥类** 包含床上用品、衣物、鞋帽、包。
2. **生活用品类** 包含餐饮烹饪用品、卫生清洁用品、娱乐休闲用品、其他生活用品。
3. **艺术展示类** 包括艺术藏品、旅游纪念品等。

如果按照收纳空间来划分，可以分为玄关收纳、客餐厅收纳、卧室收纳、厨房收纳、卫生间收纳和家务间收纳。

分类	名称	列举	收纳位置
服装被褥类	床上用品	被子、毯子、床单、被罩、枕头	卧室
	衣物	西装、衬衣、外套、裙子、毛衫、内衣等	玄关、卧室
	鞋子	拖鞋、凉鞋、皮鞋、运动鞋、高筒靴	玄关
	帽子、包	棒球帽、太阳帽、日用包、公文包、旅行包	玄关、卧室
生活用品类	餐饮烹饪	生食、熟食、饮料、调料、锅碗瓢盆	餐厅、厨房
	卫生清洁品	洗漱品、化妆品、抹布、拖把、吸尘器、熨烫机	卫生间、洗衣房
	娱乐休闲品	玩具、钓具、音像制品、书籍、运动健身器具	客厅、书房
	其他生活用品	电子产品、家庭工具、药品	客厅、卧室
艺术展示类	书画、图片摄影	国画、油画、书法、生活照片	客厅、餐厅、卧室、书房
	陶瓷艺术品	花瓶、雕塑、装饰盘	客厅、餐厅、书房
	玻璃、玉器	水晶球、玻璃瓶、玉质吉祥物	客厅、餐厅、书房
	水族类	鱼缸、观赏鱼、珊瑚	客厅、餐厅

玄关收纳

玄关收纳在家庭收纳中处于非常重要的位置。打造一个强大的收纳系统，让你无论是在忙碌的工作后回家，还是在湿漉漉的雨雪天进门，都能享受到舒心与惬意。它的主要收纳物品是鞋子、外套、帽子、围巾、领带、包，还有常用的物品如鞋油、鞋擦、雨伞、钥匙等。

普通家庭鞋子收纳统计表

家庭成员数	春秋季	夏季	冬季
2 ~ 3	15 ~ 19 双	10 ~ 15 双	19 ~ 23 双
4 ~ 5	18 ~ 23 双	15 ~ 20 双	20 ~ 26 双
5 以上	22 ~ 26 双	18 ~ 24 双	25 ~ 30 双

客餐厅收纳

客餐厅空间所收纳的物品主要为休闲娱乐类和展示类，如报纸、书刊、艺术摆件、茶具等。

卧室收纳

卧室收纳是家庭收纳的主战场。全家人的四季衣物、被褥、床单、毛巾等，都需要在卧室收纳。家庭中如果能分隔出一个独立的衣帽间，将会受到女主人的热烈欢迎。

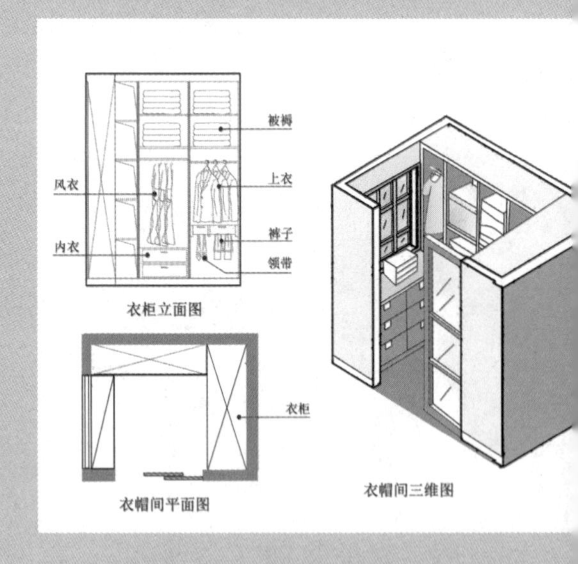

家务间收纳

在家庭收纳中，有很多带有季节性、节日性或低频使用的物品不容易归类。比如婴儿的手推车、孩子的滑板车、女主人的熨烫机、男主人的钓具、行李箱、圣诞装束等，这时如果能打造出一个家务间来解决这一难题简直就完美了。

卫生间收纳

卫生间收纳依靠浴柜及镜柜、搁物架。主要的收纳物品是洗漱用品、化妆品、浴室清洁用品、日用品。包括牙膏、牙刷、沐浴液、洗发水、洗手液、漱口水、香水、啫喱水、化妆油、洁厕精、剃须刀、吹风机、体重秤等。

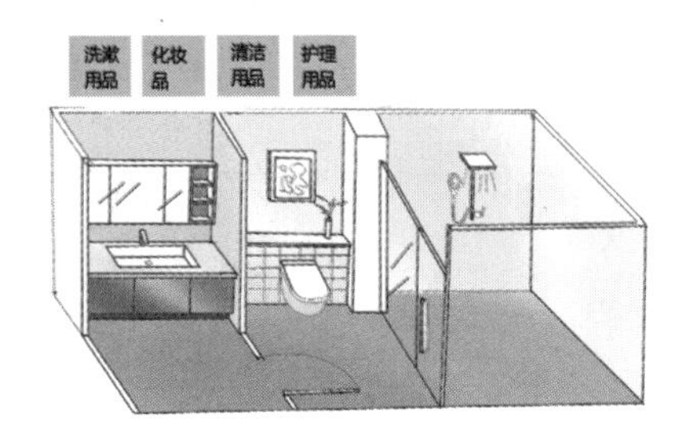

厨房收纳

厨房收纳主要依靠整体橱柜与冰箱。大体分为食物储藏区收纳、操作区收纳、烹饪区收纳，分别用以储藏新鲜食品、冷藏食品、干货、米面、油盐酱醋、餐具、炊具等。

收纳设计的原则

在住宅规划设计中，收纳储物规划越来越受到关注和重视，我们在设计时应遵从如下几个原则。

1. 分门别类，有藏有漏

分门别类是收纳的基本原则，概括来说就是化零为整。把零星的东西分类集中，让你在使用它的时候一下就能找得到。有藏有漏就是把易乱的日用品、无美感的物品、不常使用的物品、季节性物品集中储存，关上柜门就一片整齐。而对于最常使用的物品、装饰品、藏品，可适当地展露。

2. 充分利用每寸空间，高密度收纳

要在有限的空间内增加收纳量，需要充分利用立体空间，进行高密度收纳。最有效的方法就是充分利用从地面到天花板的垂直空间，增加搁板数量。

3. 与动线规划结合，采用就近原则

收纳的一个重要原则就是选择正确的位置，与动线结合考虑，安排就近的位置存放，这样可以减少许多无用功，提高劳动时效。

2 合理收纳 2-1 单朝向的房屋，更需要空间通透

房屋信息

■ 建筑面积：100 m²　■ 居住成员：父母、孩子

■ 原始格局：3 室 2 厅　■ 改造后格局：3 室 2 厅、衣帽间

此房为南向格局，自然采光及通风对流全依赖南向的窗子实现。偏偏在原格局中设计的玄关区又过于闭塞，让人推门进入后顿感笨重、压抑。由此体会到，如果玄关设置不当，还不如没有。在玄关墙后边存在一条长长的走廊，狭长、幽暗，通风也不畅。唯一的厕所为暗卫，偏偏又与卧室门对门，无论从环境卫生还是心理上，都让人不舒服。

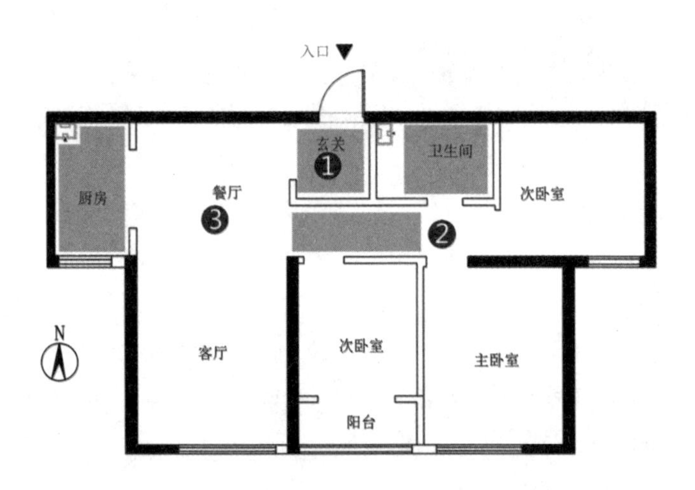

◆屋主需求

❶ 三口之家，需要两个卧室和一间书房。

❷ 卫生间和主卧室门对门，需要调整。

❸ 增加收纳空间。

◆设计师意见

❶ 玄关区过于闭塞。

❷ 过道狭长，光线幽暗。

❸ 餐区所占面积比重较大。

改造方案 A：主卧室、书房贯通设计，拥有了整面墙的收纳柜。

把笨重、闭塞的玄关隔墙拆除，改建为轻盈、镂空的隔墙，以便入户后目光首先落在镂空的隔墙后再进入室内，既增加空间的层次感，又能减少给人造成的闭塞、压抑感，还能增强室内的空气对流。书房与主卧室进行整合，借以改动主卧室入门位置，避开卫生间门，主卧室的收纳空间也将大幅增加。

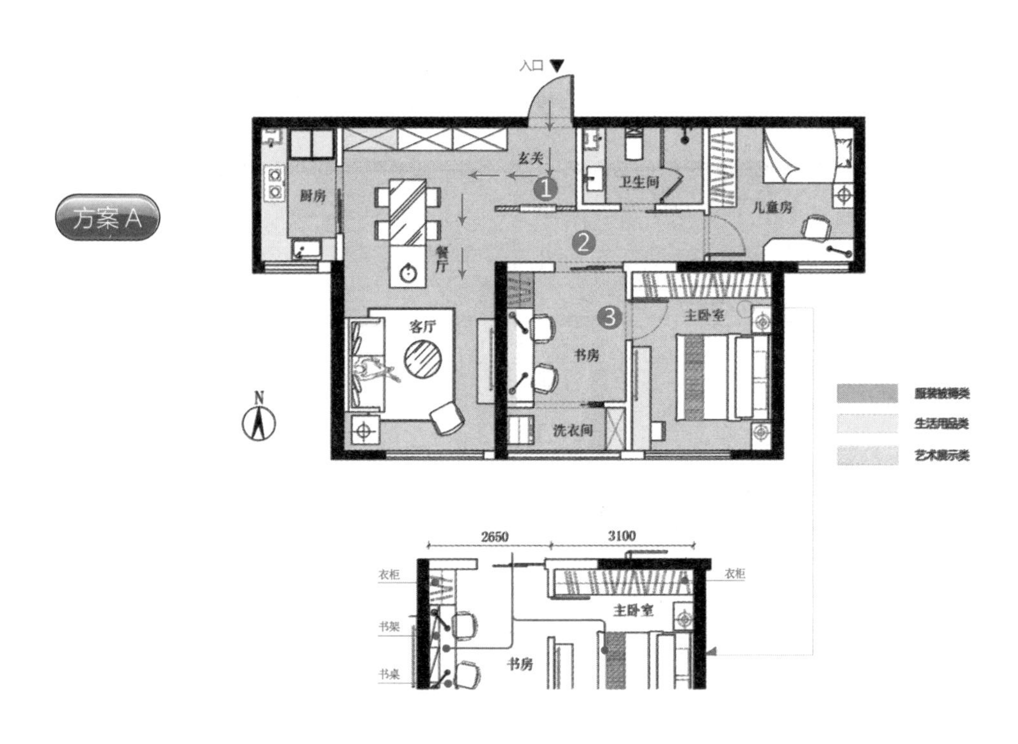

◆设计说明

❶ 把玄关隔墙改造为镂空状，消除原有的压迫感。

❷ 将书房门洞扩大，改为推拉门，把自然光线通过推拉门引入原本幽暗的走廊。

❸ 主卧室与书房进行贯通，原门洞封堵，这样主卧室便拥有了整面墙的收纳空间。

改造方案 B：设置玄关家务间，日常储纳更方便。

改变思路，直接拆除入户隔墙，让空间豁然开朗。把书房门进行移位，留出了完整墙体设置端景墙，玄关区顿时扩大数倍，原有的压抑感一扫而空。来自南向窗户的自然采光及对流风，也轻松抵达每个角落。充分利用餐区空间，打造了一个生活收纳间，解决了家庭杂物的存储难题。卫生间也进行了大的调整，洗手区外移。借用部分次卧室面积，在进入卫生间的动线上，设计了一个衣帽间，形成了如厕、洗浴、换衣的流畅动线。

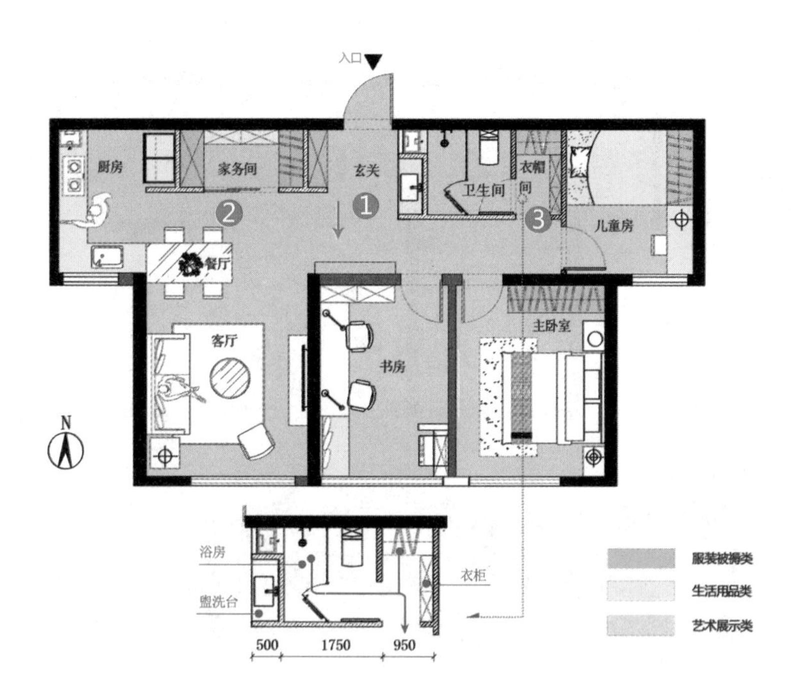

◆设计说明

❶ 拆除原有玄关墙，书房门移位，这样就使书房隔墙成为入户端景墙。

❷ 在出入家庭动线处设计了家务间，厨房改为开放式。

❸ 卫生间门进行移位，避免了与主卧室门对门的尴尬。

方案 A、B 都对空间进行了整合，增加了储纳功能。方案 B 将餐厨一体设计，将节省出的空间改造为家务间，日常收纳更方便。

◆细节展示

1 拆除原有玄关墙

将原有的玄关墙体拆除，书房门洞位置东移，这样一来入户后的玄关区视线豁然开朗。在入户后的右手旁设计了玄关柜，便于收纳衣物、鞋帽。

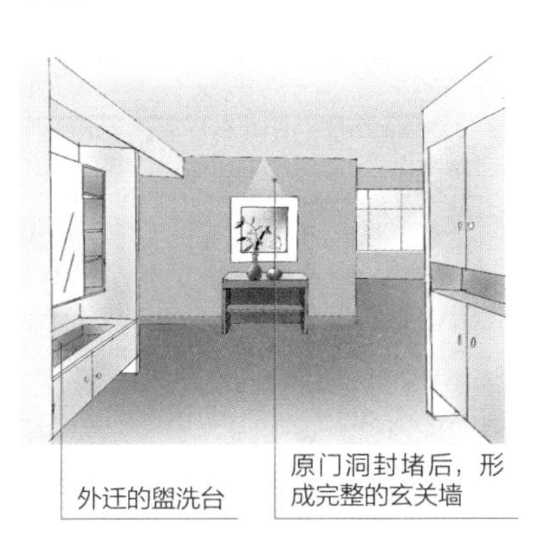

2 餐厨区一体设计

餐厨一体开放式设计，餐桌设置在橱柜的延长线上，实现了空间的合理划分。利用节余出的空间打造了一个家务间，存储日常生活的杂物。

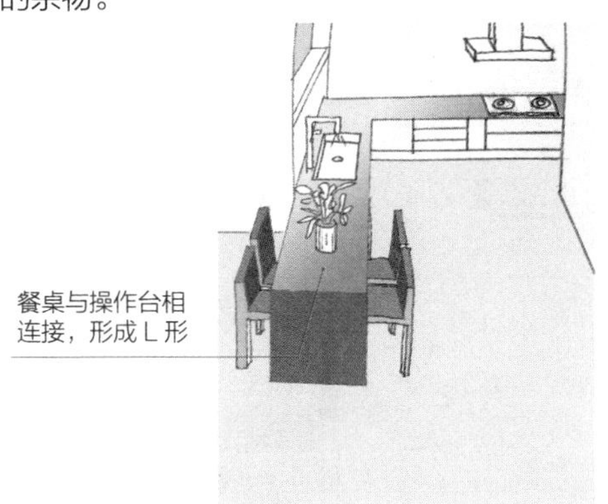

3 储纳设计与动线设计相结合

将卫生间的盥洗区外移，使内部空间变得宽敞。在考虑日常储纳和家务劳动时，有意与动线设计相结合，这样带来的好处是日常生活和家务劳动更便捷。在浴房洗完澡，经过衣帽间时顺手就换上干净衣服，整个洗浴流程顺畅、不打扰他人。

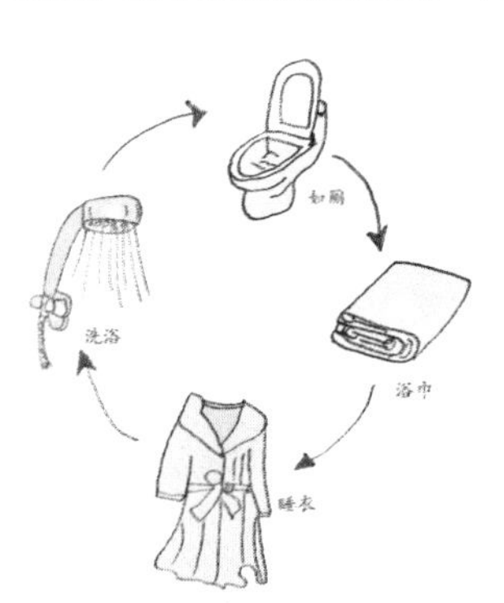

2-2 SOHO 办公，渴望拥有独立书房

房屋信息

■ 建筑面积：150 m²　■ 居住成员：父母、儿子、女儿

■ 原始格局：3 室 2 厅、入户花园　■ 改造格局：4 室 2 厅

X 夫妇的新购住房，布局比较方正，采光、通风都挺好，但也存在一些小瑕疵。比如推门入户，主卧室门、主卫门、入户门处在一条直线上，居家生活的私密性不够。此外赠送的入户花园采光差，也不知如何充分地利用。三个卧室都设计得中规中矩，缺少足够的储物空间，如果不解决，将成为入住后的大麻烦。

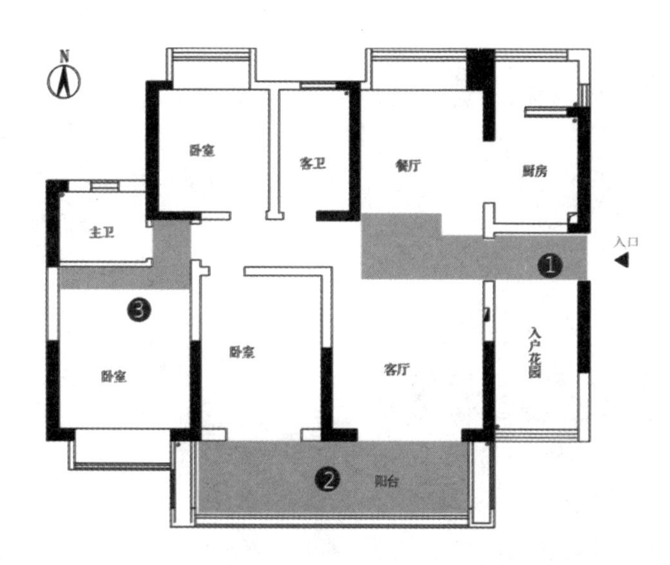

◆屋主需求

❶ 入户即看到主卧室及主卫，非常不满意。

❷ 需要三个卧室，最好有间独立书房。

❸ 想把入户花园用作书房，但采光不理想。

◆设计师意见

❶ 入户门与卧室门及主卫门相对，隐私无保障。

❷ 客厅南阳台面积过大。

❸ 主卧室储藏面积有限。

改造方案 A：家中打造了八个储物柜，入户花园变身为独立书房。

首先在客餐厅之间的过道上，设置玄关隔墙，既阻隔视线，增强居家私密性，又使得家庭空间更具层次感。其次在入户区左右处，分别设计收纳空间，解决鞋子、外套等物品的储存问题。将入户花园改为独立的书房，并将书桌安置在光线相对好的窗前，以便学习、上网更舒适。将宽大的南阳台拆解，分别并入客厅和男孩房，使扩容后的男孩房，在过道区域设计衣帽间，可以满足衣物收纳的需求。

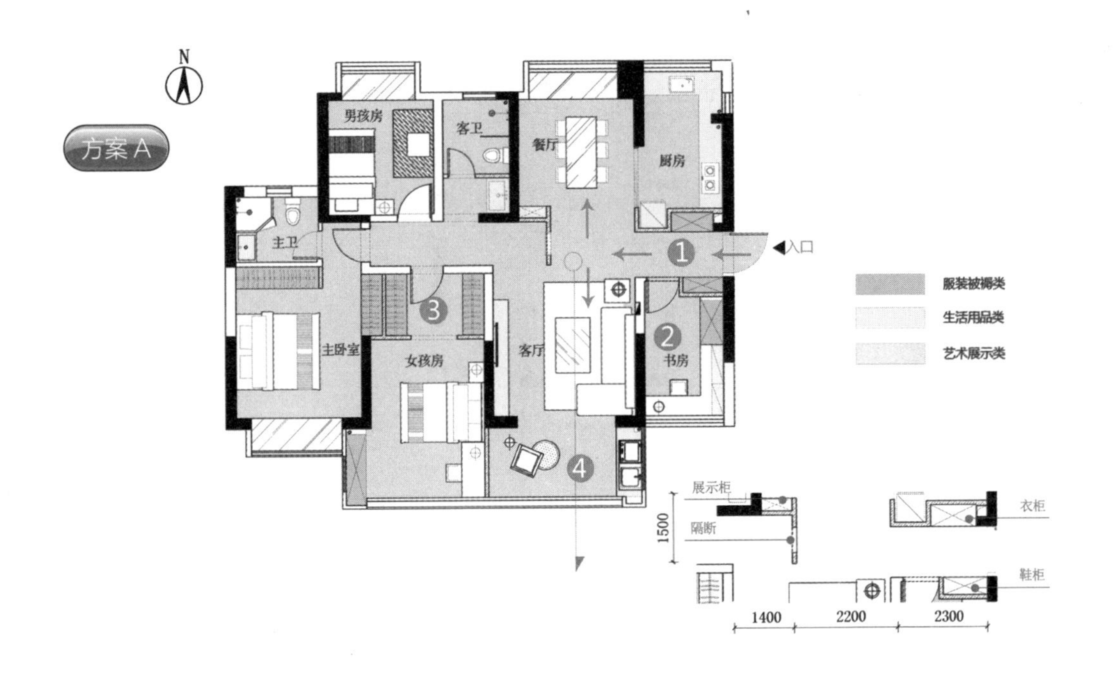

◆设计说明

❶ 设计玄关镂空隔断墙，既阻隔视线，又保持空间的连续性。同时在入户玄关两侧都设置收纳柜，满足入户收纳的需要。

❷ 入户花园改造为书房，书桌安置在窗下，以弥补空间采光不足的缺陷。

❸ 女孩房与相邻阳台合并，空间变宽敞。过道区改造为衣帽间。

❹ 洗衣区与客厅之间不设隔断门，使整个空间更通透。

改造方案 B：餐厅改为书房，空间明亮心情也舒畅。

分别从厨房及原餐厅区借面积，把餐厅和玄关区合并在一起设计。利用弧形透光玻璃，打造出一间充满个性的餐厅，同时还具备了玄关的功能。把原餐厅空间改造为书房，一举解决了利用入户花园做书房，采光不良的缺陷。把主卧室卫生间收缩，利用床尾对面墙打造了整面的衣柜，主卧室收纳功能大大提升。

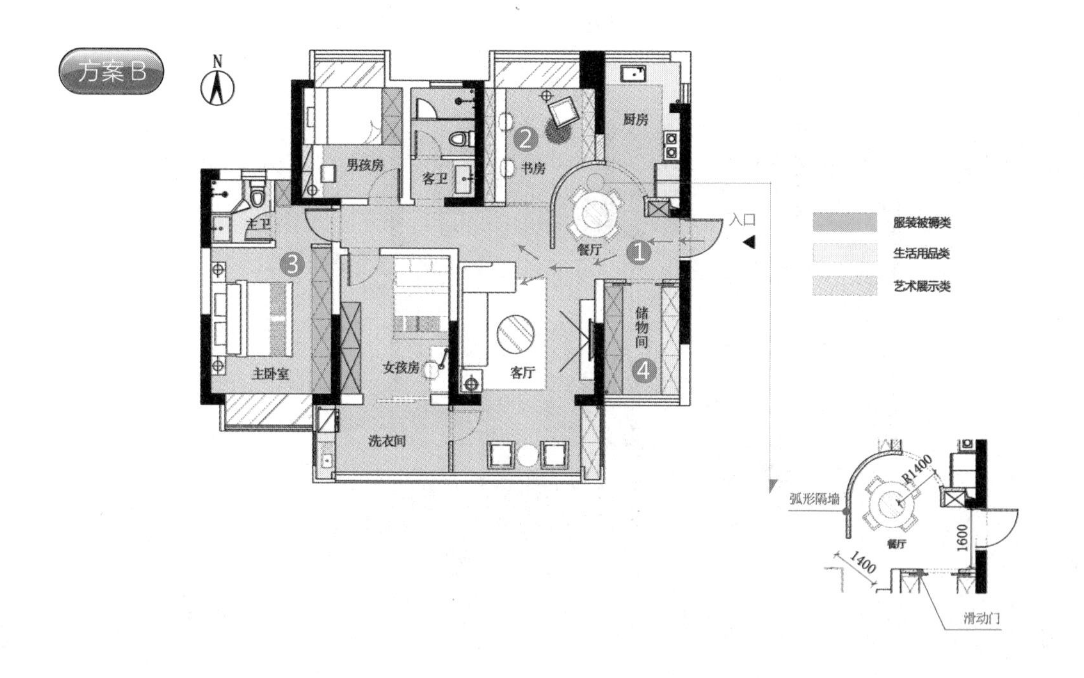

◆设计说明

❶ 腾挪空间，将餐厅、玄关空间进行整合。

❷ 利用原餐厅区域，打造光线充足的书房。

❸ 主卧室的东墙得到充分利用，打造了大规格衣柜。

❹ 将采光不足的入户花园，改造为储物间。

◤方案 A 将入户花园改为书房，在光线最佳的窗前安置书桌。方案 B 将宽敞明亮的餐厅改为独立书房，居家办公得心应手。◥

◆细节展示

1 弧形玄关区与餐区合二为一

分别从厨房及原餐厅拆借空间，打造了一个弧形的餐厅空间，它同时也具备了玄关过渡区域的功能，并在其侧面设置了鞋帽衣物的收纳柜。

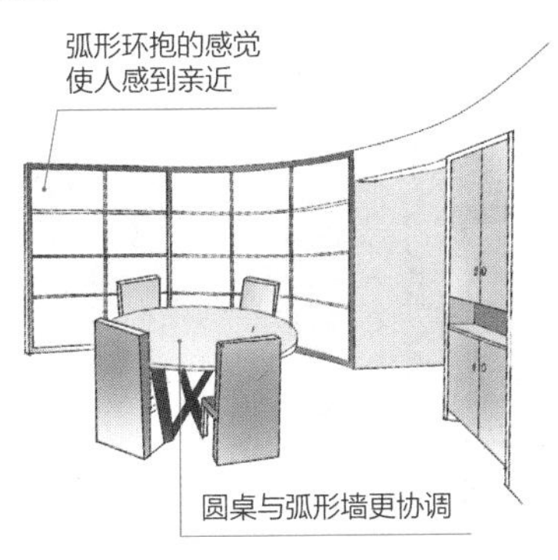

2 原餐厅设计为独立书房

原餐厅区域设计为独立的书房，采光、通风更加舒适，化解了利用入户花园做书房，光线灰暗的尴尬，提高了办公效率。

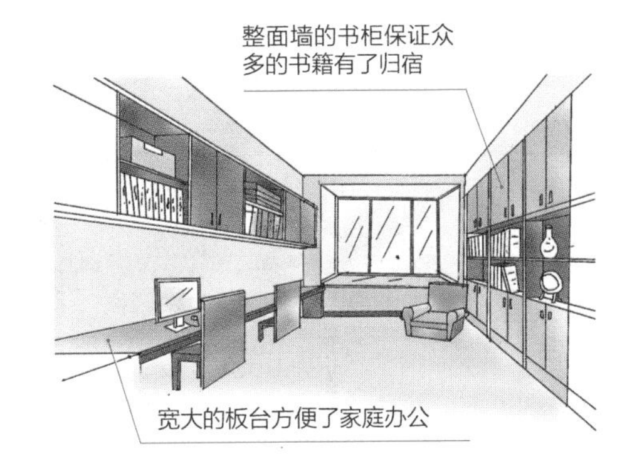

3 主卧室打造整面墙的衣柜

通过使主卫隔墙后缩，主卧室的过道变宽。出入主卧室的动线得以改变，就此把卧室东墙面充分利用起来，设置了充足的收纳柜体。

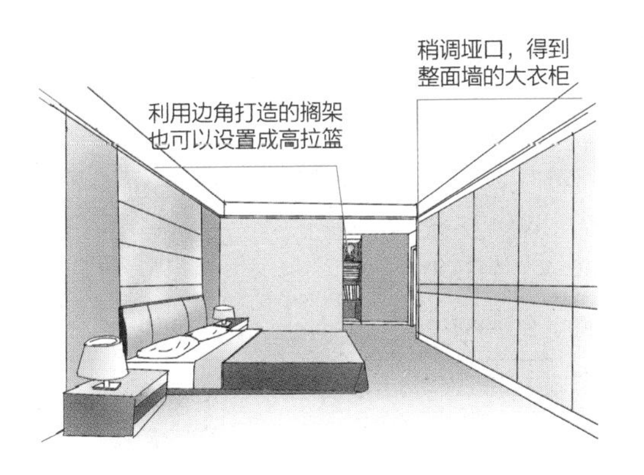

4 入户花园改造为储物间

入户花园改为家庭储物间，在其左右两侧都设置了柜子，这样家中的物品可以分门别类地收纳，减轻了客厅、卧室的压力。

2 合理收纳 2-3 关注孩子成长，创造小哥俩的快乐空间

房屋信息

- 建筑面积：160 m^2
- 居住成员：父母、两个儿子
- 原始格局：4 室 2 厅
- 改造后格局：3 室 2 厅

S 夫妇拥有两个可爱的小男孩，他们将所有的精力和爱都倾注在两个小家伙的身上。所以在房屋的规划设计上，要重点向两个小家伙倾斜，希望能给他俩创造一个舒适、放松、自由的家庭环境。家中的图书、孩子的玩具都需要合理收纳。

回到房屋本身进行分析，这套住宅最大的缺陷是客卫安排在家庭最深处，有客来访，其动线必将深入家庭静区，干扰他人，需要进行调整。

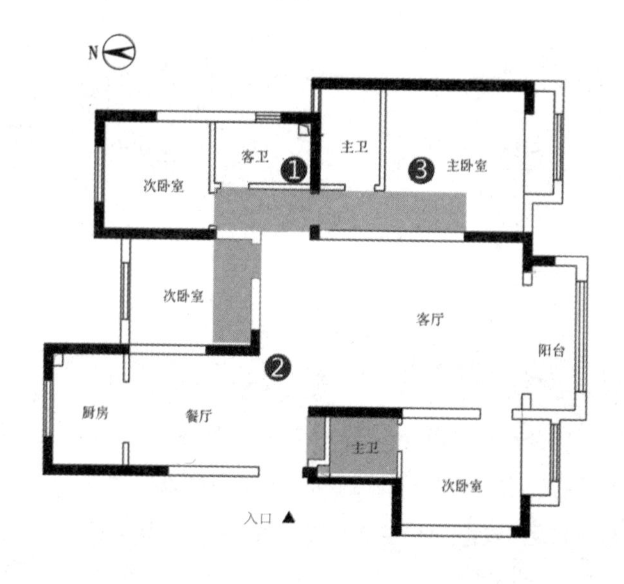

设计师调整空间

◆屋主需求

❶ 给宝宝们打造一个舒适自由的空间。

❷ 设计出充足的书籍收纳空间。

◆设计师意见

❶ 客卫位置设置不当。

❷ 入户空间局促，视线凌乱。

❸ 卧室缺乏衣物收纳的空间。

改造方案 A：父母住北卧室，日照充足的南卧室设为儿童房。

将光照充足的主卧室空间作为小哥俩共用的儿童房，内设高低儿童床、玩具柜、玩具桌、衣柜，让他们两个在此共同玩耍、学习、成长。北边的两个房间打通，改造为主卧室并配备独立衣帽间。将原本公用的客卫改做主卫。与入户玄关垂直的墙体打造为书架，并呈倾斜状，与客厅沙发后满墙的书架及壁炉相呼应，让整体的空间呈现出轻松自由的书卷气息。入户处的卫生间移动入门位置，改为公用的客卫，使用起来更加方便。再有访客登门，使用卫生间时不需要穿越整个家庭空间了。

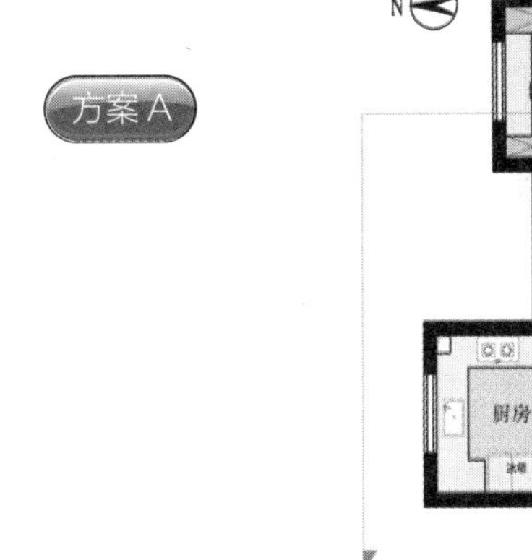

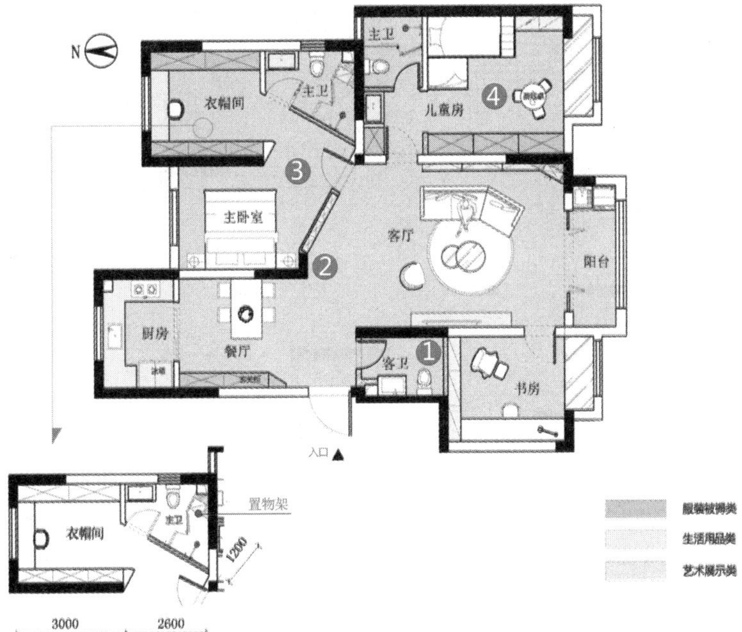

◆设计说明

❶ 将入户旁的主卫改造为客卫，访客动线更合理。

❷ 分别在客厅的东侧和北侧设计了到顶的书架，用以摆放家中的藏书。

❸ 北边两房间打通，用作主卧室，内设卫生间、衣帽间、化妆台，使用方便。

❹ 把条件最好的南卧室，改造为儿童房，在其中摆放高低床、玩具柜、大衣柜。

改造方案 B：五个圆圈，给孩子创造一个童趣世界。

分别在客厅、玄关、餐厅、儿童房运用大量圆弧造型，使整个空间呈现出轻松、浪漫、活泼的生活气息。玄关入门目光所及是一个优美的弧形端景台造型，与卡座背部弧形及客厅弧形电视墙相得益彰。北边的两个房间打通，改造为儿童活动及休闲区域，还特意打造出一个圆形的图书阅览空间。中间安排上儿童圆形游戏桌，也兼做阅读桌用。主卫向后微缩，入门也做位置调整，使主卧拥有了整面墙的大衣柜，收纳不再是难题。

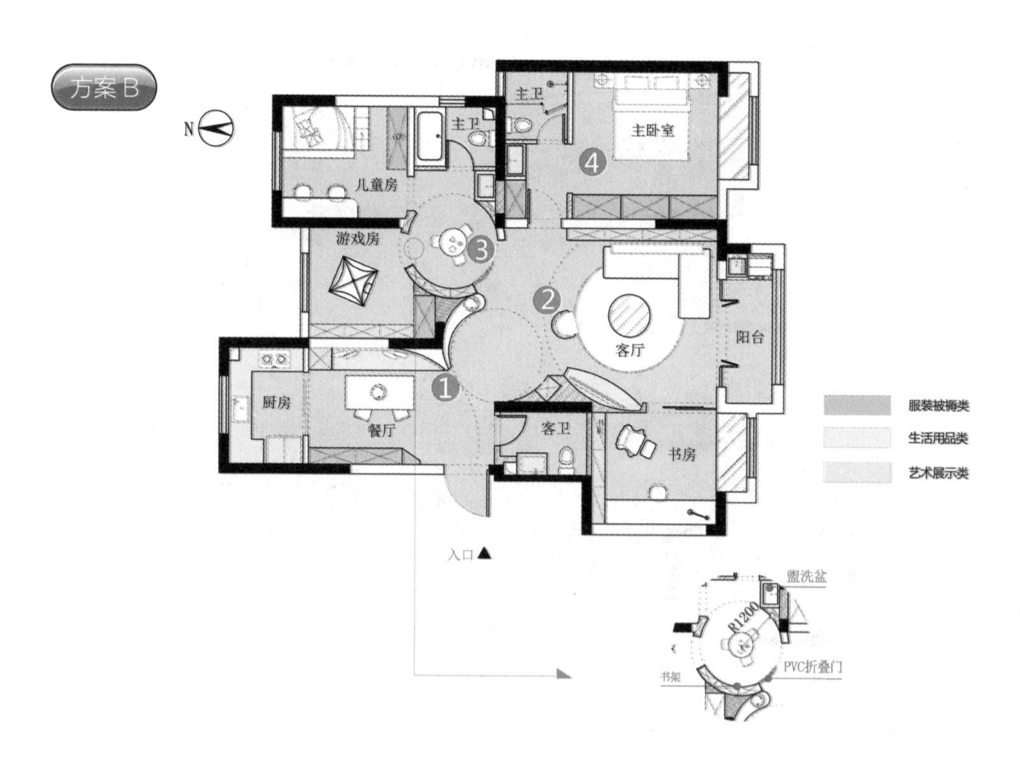

◆设计说明

❶ 餐厅设置卡座。

❷ 水滴流线型的玄关端景台对空间起到柔化作用，并与弧形卡座、电视墙相得益彰。

❸ 宽敞的儿童空间，圆弧形的图书区域，让孩子在此茁壮成长。

❹ 调整主卧室入门位置，使卫生间干湿分离，也使主卧室拥有了整面的收纳衣柜。

方案 A 将儿童房设置在日照充足的南卧室，两间北卧室打通设为主卧室。方案 B 将北边的两个房间打通作为儿童房，内设圆形图书区和带帐篷的游戏区，供孩子们玩耍。

◆细节展示

1 充满个性的卡座

入户目光所至流线型的端景台，让人眼前一亮。弧形卡座让餐厅气氛轻松温馨。

2 圆弧形的图书室

客厅北边两个房间改造为孩子的空间。别致的图书室，球形吊灯、卡通小圆桌、儿童帐篷，成为孩子最喜欢的地方。

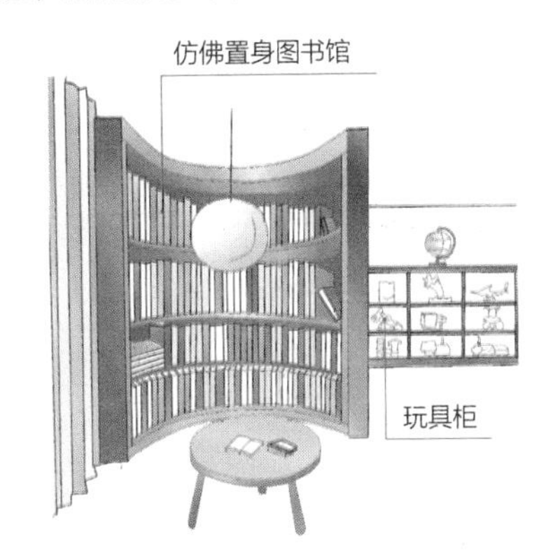

3 客厅犹如处在一个圆形中

客厅设计了弧形电视墙及异形的壁龛，与水滴形的端景台相呼应，让整个空间呈现出轻松活泼的氛围。

4 主卧室拥有充足的衣物收纳柜

调整主卧室入门位置，让其拥有了充足的衣物收纳空间。卫生间布局也进行了调整，盥洗区外移，使卫生间干湿分离。

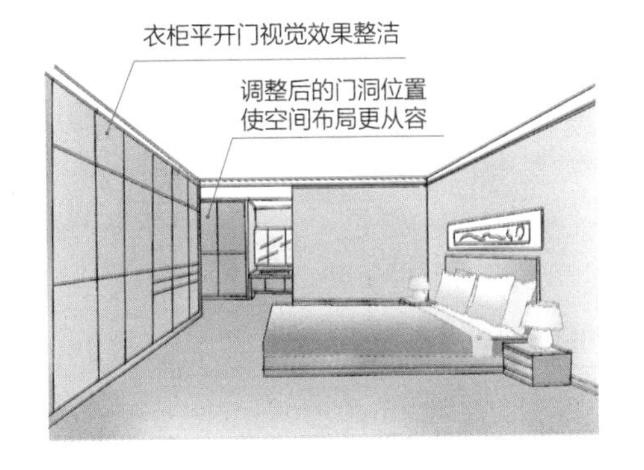

2 合理收纳 2-4 对户型不满意，一度计划转手的房子

房屋信息		
	■ 建筑面积：128 m^2	■ 居住成员：父母、女儿
	■ 原始格局：3 室 2 厅	■ 改造后格局：3 室 2 厅、衣帽间

购买这套房屋后，因对其布局结构不满意，闲置了很长时间，有段时间屋主甚至打算将其卖掉。但在我们改造装修完工后，又成为了小区售楼处的免费样板房，售楼员经常带购房者上门参观，让屋主不堪其扰。

当初屋主最不满意的设计就是客厅，里出外拐不规则，犹如俄罗斯方块，普通沙发都不容易摆放。主卧室面积也狭小，摆放完床后连衣柜都无法设置了。配套的卫生间还是一个没有窗户的暗卫。餐区处于家庭的几条交通动线之上，相互干扰使用也不便。厨房面积挺大，但有效的操作空间不多。

改造前

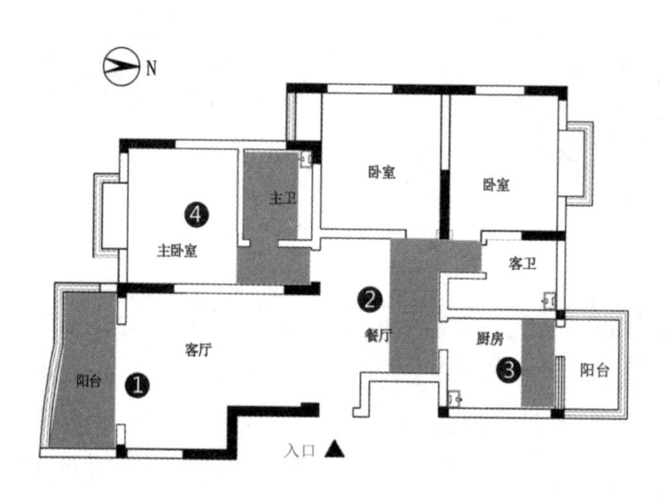

◆屋主需求

❶ 缺乏储物空间，希望增加。

❷ 房间不规则，需要调整。

◆设计师意见

❶ 客厅布局琐碎。

❷ 餐厅、过道面积浪费。

❸ 厨房有效操作空间有限。

❹ 主卧室收纳空间不足。

改造方案 A：主卧室不但增加独立衣帽间，还配备洄游动线。

将阳台与客厅的垭口两侧墙体打掉，实现空间整合。原来在布局上的困扰，也迎刃而解。将宽敞的过道充分利用，一部分和主卧室贯通，分隔为主卧室衣帽间，缓解收纳困难；一部分设计为玄关柜，解决出入时的收纳需求。在动线组织上，主卧室保留两个入口，实现了环形的交通动线，居住起来更方便。

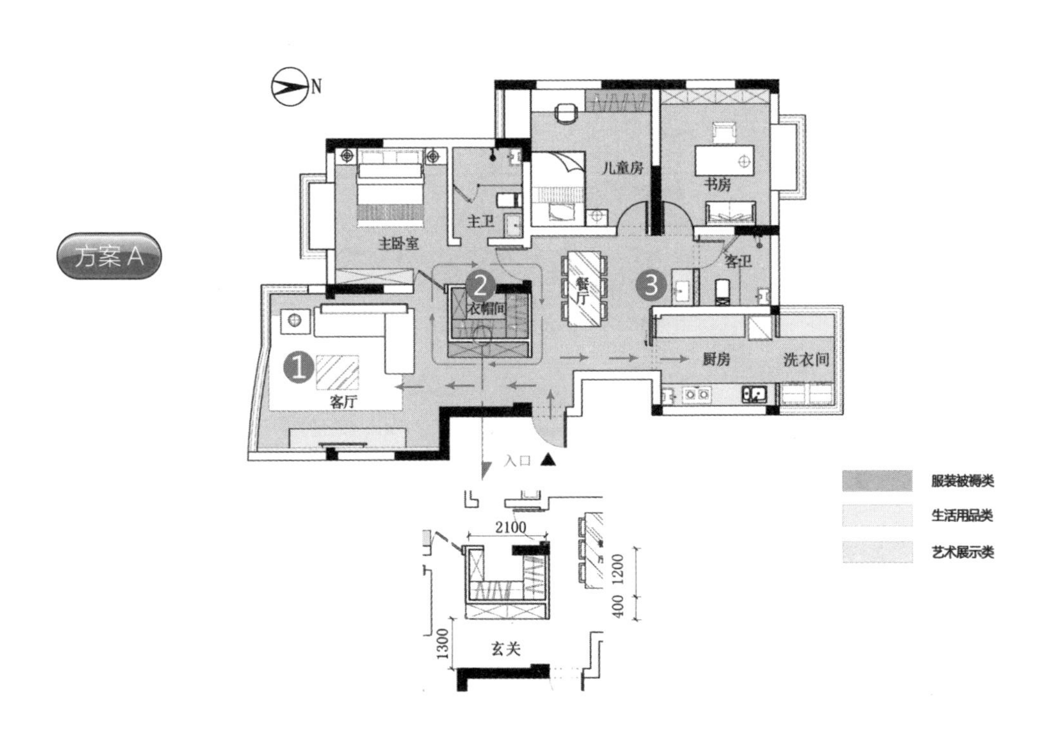

◆设计说明

❶ 休闲阳台与客厅打通，空间豁然开朗。沙发坐西向东，摆放更加随意轻松。

❷ 把客厅过道并入主卧室，打造了一个独立的衣帽间。卧室保留了两扇门，使之具备一个洄游动线。

❸ 卫空间进行调整，盥洗区外移，空间实现了干湿分离。

改造方案 B：客厅扩容、南北贯通、起居方便。

打通客厅与南阳台的垭口隔墙，实现空间贯通。沙发坐东朝西摆放，布局更方正，视野更开阔。对原餐区及过道进行了重点分配，一部分区域并入主卧室，设计为主卧室独立的衣帽间；另一区域在入户区对面，设计为卡座的就餐形式。这样的设计，使得家庭动线流畅、便捷。主卫隔墙改为玻璃材质以提高采光度，避免了全天候需要人工照明的不便。厨房 | 形的操作台改为了 ‖ 形双操作台，增加有效操作区，使用起来更方便。

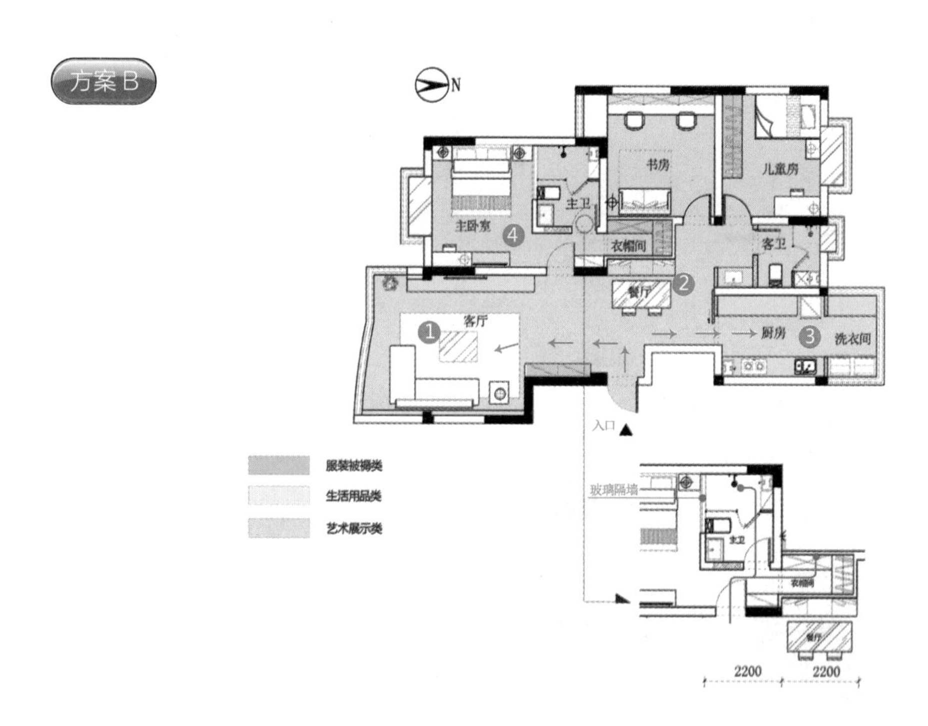

◆设计说明

❶ 客厅与休闲阳台打通。

❷ 过道一部分并入主卧室打造衣帽间，一部分分给了餐厅。

❸ 厨房和生活阳台整体考虑。

❹ 通过玻璃隔墙的设置，消除了卫生间为暗房的弊端。

◤方案 A 利用客厅过道区域，为主卧室打造了独立衣帽间。方案 B 利用餐厅部分区域，为主卧室打造了独立衣帽间，客厅、餐厅、厨房南北畅通，居住更便捷。◢

◆细节展示

1 客厅、阳台合而为一

把南阳台和客厅之间的洞口打通，客厅变得宽敞起来，原先的拥堵一扫而空，视线也变得开阔起来。

2 餐区设置卡座，优化了过道动线

充分利用原来通道浪费的空间，设置了卡座，使其成为家庭空间的小亮点，同时增强了过道动线的合理性。在卡座背部安装了黑板墙，更突出了家庭的温馨感。

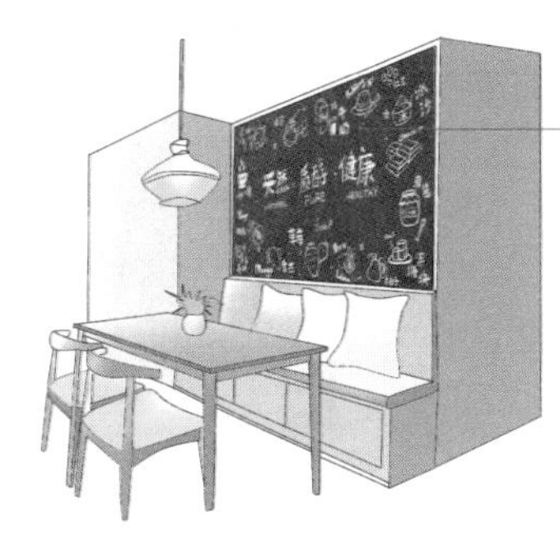

3 厨房空间优化，操作台设置为 ‖ 形

对厨房门进行了调整，把原本 | 形的操作台变为了 ‖ 形，使用面积扩大了一倍。把北阳台改造为家务间，在里面设置了洗衣间及干衣机、洗衣盆。

4 主卧室设置独立的衣帽间

将主卧室门移位，原本浪费的部分过道并入卧室，打造一个独立衣帽间。卫生间隔墙改为玻璃材质，便于自然光线照入。

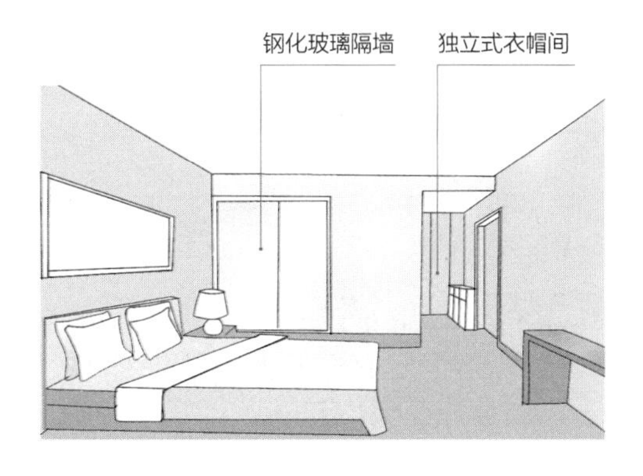

2 合理收纳 2–5 妈妈希望每间卧室都能有阳光照射进来

房屋信息	■ 建筑面积：125 m²	■ 居住成员：父母、两个女儿
	■ 原始格局：3 室 2 厅、单卫	■ 改造后格局：3 室 2 厅、双卫

四口之家，妈妈将所有的爱都倾注在了两个宝贝女儿身上。现有的布局，其中一个卧房在背阴面，但妈妈希望所有家人的卧室都能晒到阳光，需要对房屋格局大调整。一个卫生间的设置，在生活中感觉不方便，希望能在装修时再增加一个。家中的物品繁多，特别需要大容量的储物空间。

如果按照女主人的要求，将室内布局进行大挪移付出的代价很高，因为涉及强弱电箱、暖气管道等一系列的问题。从这件事情上，也真正感受到母亲对孩子的爱是不计代价的。

◆屋主需求

❶ 卧室都要朝阳。

❷ 需要双卫。

❸ 大容量储物空间。

◆设计师意见

❶ 入户到厨房动线过长。

❷ 卫生间狭小。

❸ 客厅区宽敞，如改为卧室，存在面积浪费。

改造方案 A：格局大挪移，三间卧室全部朝阳。

尊重妈妈的意见，对房屋格局乾坤大挪移，将原客厅与北卧室功能进行调换，卧室全部设在了朝阳的南边。利用新增的卧室面积宽敞的优势，分别给自身和隔壁房间增加储物空间，解决家庭储物的需求。对卫生间区域进行调整，将洗浴区、盥洗台外迁，腾出空间新增了一个马桶间，以缓解早晨高峰期马桶不够用的状况。改变厨房门位置，使购物回家进厨房一气呵成。

◆设计说明

❶ 原客厅改做主卧室，利用原空间宽大的特点，隔离出两个衣帽间，分别供主卧室及隔壁次卧室使用。

❷ 原北卧室与餐厅打通，改造为客厅，空间变宽大。

❸ 餐厅、厨房打通，做开放式设计。

❹ 增设马桶间，使用更方便。

改造方案 B：中岛餐桌一体化，满足家人围坐一起包饺子的愿望。

出于经济方面的考虑，没有对整体的格局进行太颠覆的变动，只是对局部细节进行了调整。改动最大的区域是卫生间，将卫生间进行四分离设计，解决家庭核心需求。与之相对应的是对原主卧室入门进行了移动，这样的改动带来两方面的影响：好的影响是主卧室有了更充足的储物空间，坏的影响是占用了隔壁房间局部面积。为了化解这个矛盾，女孩房设计了榻榻米，既节省了面积，使用起来还方便。在厨房与餐厅之间增开传菜洞口，并设置了吧台，传菜、放菜既便捷，又有生活情趣。

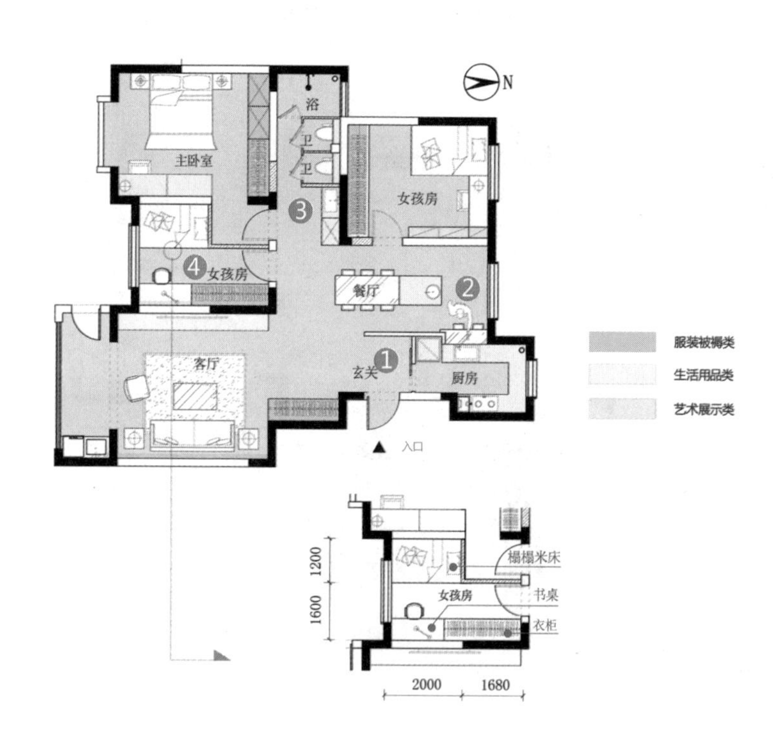

◆设计说明

❶ 改动厨房入门位置，使之更加便捷。

❷ 餐桌与中岛一体设计，满足全家在传统节日里，围坐一起包水饺、品美食的愿望。

❸ 增设马桶间，卫生间干湿分离。

❹ 次卧室空间充分利用。

两个方案都增加了马桶间，区别在于方案A尊重妈妈的心愿，家庭成员的卧室都能朝阳。方案B在原有的布局上调整优化，在满足生活便捷的前提下，降低了造价。

◆细节展示

1 玄关墙局部运用玻璃板

入户玄关墙局部使用玻璃材质，并在其内密封树干饰品，既能消除空间的闭塞感，还能增加一个视觉亮点。

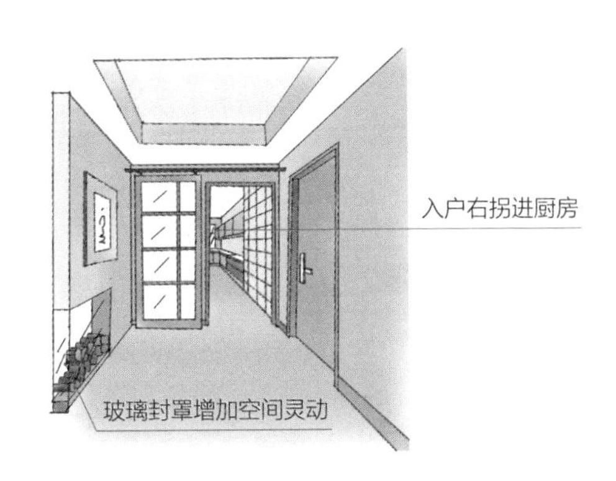

2 餐厨之间设置传菜口

利用原有的厨房门洞，设计了吧台休闲区，可以在此享用早餐，还可以利用窗口传菜。餐桌岛台一体的设计，使用起来也非常便利。

3 单卫变双卫

原有的单卫无法满足全家人的需求，于是利用同层排水的方式又增加一个马桶间，并将洗浴和盥洗分离设计。

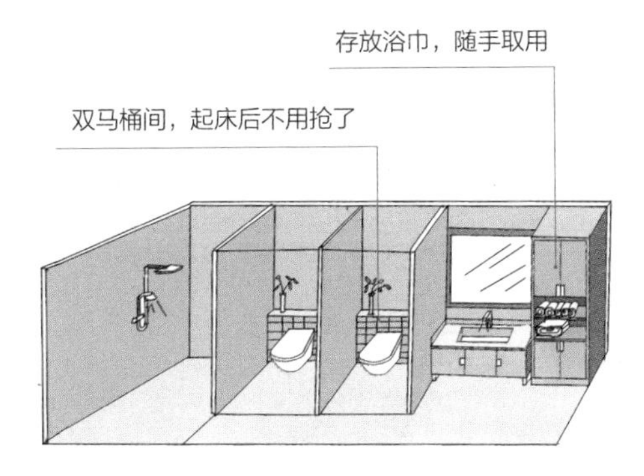

4 女孩房空间布局紧凑合理

女孩房空间压缩后，改用地台床，以便更好地利用空间。在入门左手处打造出大衣柜、学习桌，每项起居需求都得到了满足。

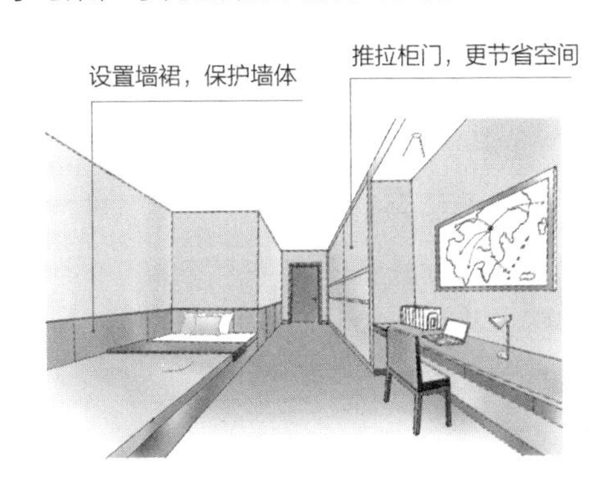

2 合理收纳 2-6 太太喜欢衣帽间，先生需要大书房，长辈注重睡眠质量，孩子学习最重要

房屋信息		
	■ 建筑面积：180 m²	■ 居住成员：祖父母、父母、女儿
	■ 原始格局：5 室 2 厅	■ 改造后格局：4 室 2 厅

三代同堂的大家庭，各有各的喜好与要求。太太需要衣帽间、家务间，以解决全家人的储物需求和提高家务效率。先生希望有一个宽敞的书房，便于看书、上网。家中的老人则更关注睡眠，需要有一个好的睡眠环境。上小学的女儿，需要宽敞明亮的学习区域。

再来观察房屋，存在很多的硬伤：客卫面积很局促，坐在马桶上时，头几乎就抵在了对面的墙上。盥洗台盆和马桶呈错对的角度，怎么用都别扭。这么大的房间，想找几处合适的收纳空间似乎很难。卧室收纳、客厅收纳、玄关收纳、厨房收纳，都不理想。

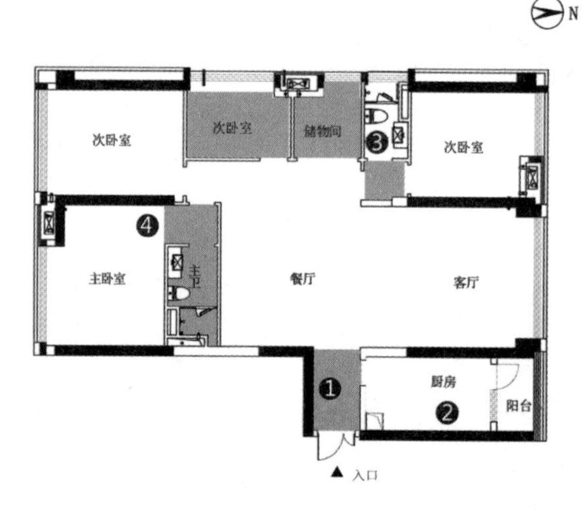

◆屋主需求

❶ 太太需要衣帽间、家务间。

❷ 先生需要大书房。

❸ 孩子关注学习区。

❹ 老人需要提高睡眠质量。

◆设计师意见

❶ 缺少玄关过渡及收纳空间。

❷ 厨房设置不合理。

❸ 卫生间狭小。

❹ 主卧室动线设计不合理，无法分隔大容量储物空间。

改造方案 A：调格局、改动线，客厅、餐厅、卧室比例划分更合理。

调整主卫格局，压缩餐厅空间，给主卧室配备充足的储物收纳房间。把客卫与相邻的小阳台重组规划，形成如厕、洗浴、洗脸、收纳一条龙的四分离设计。确保合理储物收纳的前提下， 将老人房双床布局安排，以便更能适应他们的睡眠习惯。增加玄关过渡区，同时解决入户收纳的需求。女儿房在窗前光线最佳的位置安置了写字台。

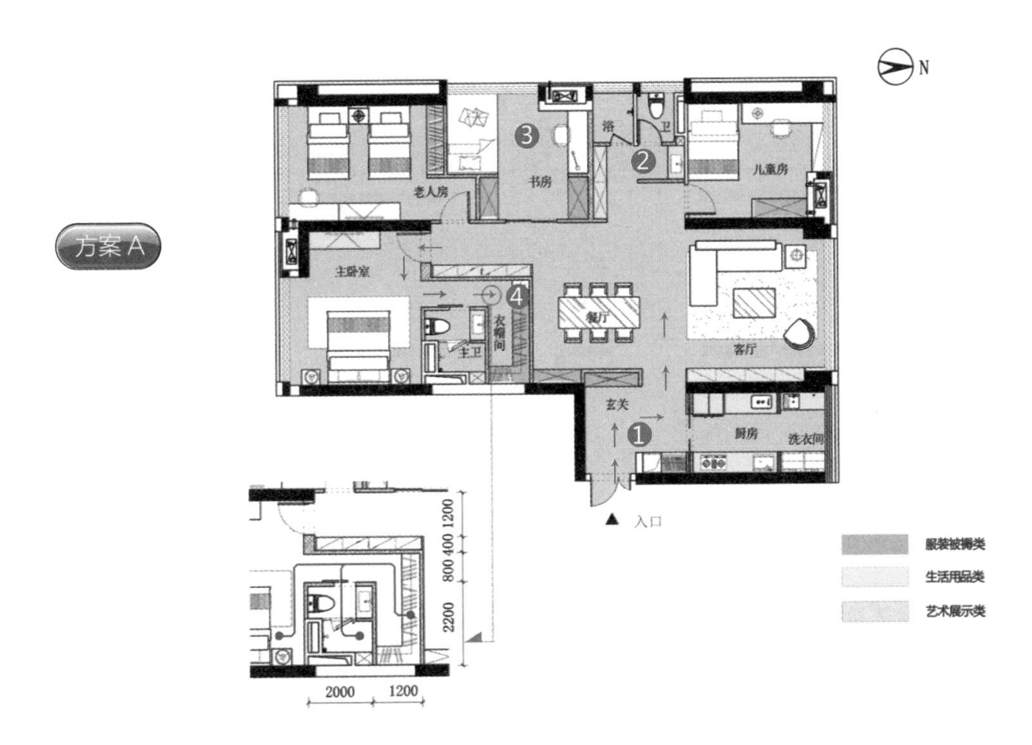

◆设计说明

❶ 设置玄关柜，入户拥有充足的过渡空间。

❷ 卫生间干湿分离。浴袍柜的设置，收纳储物更便利。

❸ 宽大明亮的书房，满足了男主人的需求。

❹ 步入式衣帽间具有超大储物功能，受到了女主人的欢迎。

改造方案 B：双厨、双床、双衣帽间，全家人俱欢颜。

调整老人房与主卧室的入门动线，让这两个房间分别拥有了独立的衣帽间，彻底消除了女主人的后顾之忧。书房设置为环形出入动线，让其不再是一个封闭的空间，而变成全家人活动的中心。完整的玄关墙设计，使入户视线不再凌乱。保留原中厨格局的同时，又在餐区打造了西厨操作区，选择更多样。

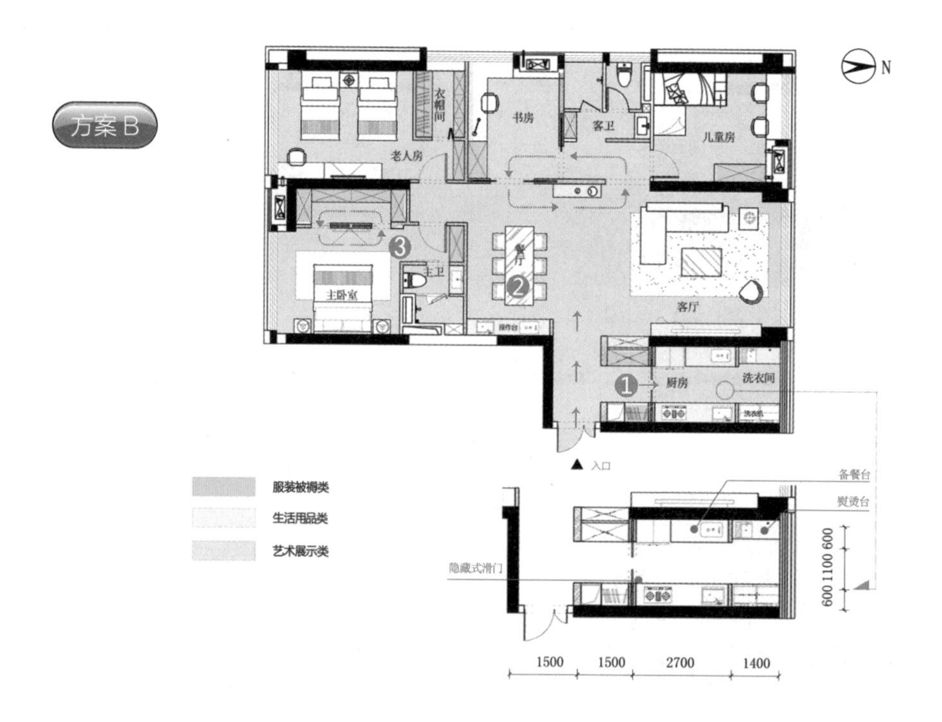

◆设计说明

❶ 加玄关收纳柜，厨房操作台 I 形改为 II 形。

❷ 餐厅区设置西厨操作台，使烹饪更加方便。

❸ 改动布局，设计独立衣帽间。

◤两个方案都是围绕着三代人的生活需求展开的。其中，方案 B 的双厨、双床、双衣帽间的设计，更受到委托人的青睐。◥

◆细节展示

1 玄关设计收纳柜、厨房操作台改为 II 形布局

入户右手处设计玄关柜，以便收纳鞋帽、外套。厨房的低柜由 I 形改为 II 形，操作区面积增加一倍。厨房最北端的小阳台改造为洗衣间。

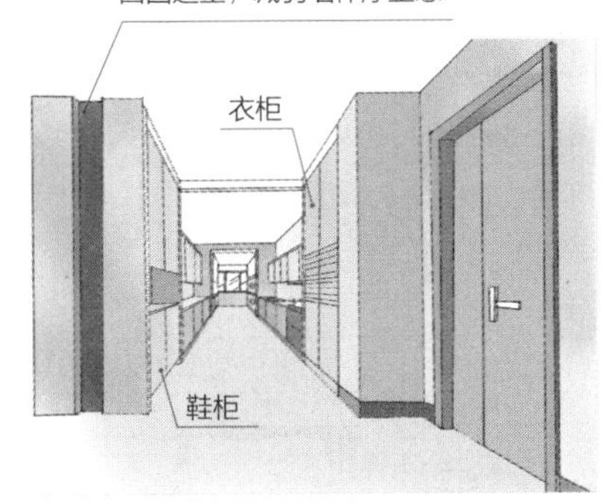

2 餐厅增加西厨操作区

在餐区的东侧面，设计了西厨操作区，家人可以围坐在此，做烘焙、拌沙拉、品美食。西邻书房宽敞的垭口，可让窗外的自然光线穿透进餐厅，餐厅同时接受来自客厅和书房的自然光线，全天光线充足。

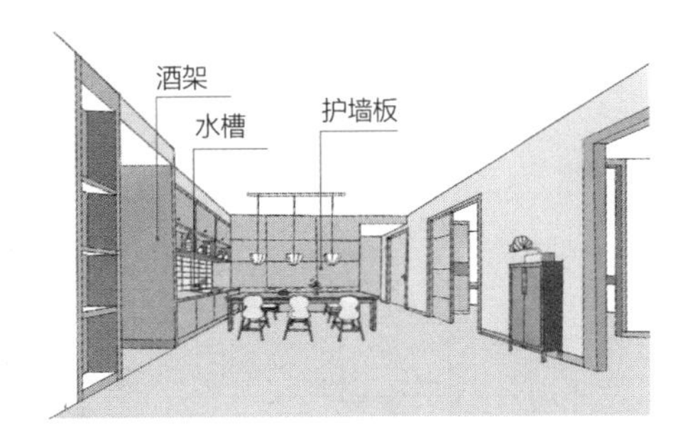

3 主卧室打造衣帽间

改动出入主卧室的交通动线，腾出空间设计了女主人一直渴求的衣帽间。衣帽间双入口洄游，使用便捷。

设计百科

老人房设计的注意事项

老年人由于身体机能的下降，对噪声干扰更敏感，所以对门窗的隔声要求更高。老人的睡眠普遍浅，许多老人更喜欢在同一室内分床睡，避免夜里起夜或打鼾干扰到老伴的休息。床垫选择可稍硬一些。有一定硬度的床垫，可消除负重和体重对腰椎间盘之间的压力，但切忌太硬。

2-7 上下楼容易跌倒，如何改造存在隐患的家

房屋信息

■ 建筑面积：220 m²
■ 原始格局：复式 4 室 2 厅、Ⅱ形楼梯间
■ 居住成员：祖父母、父母、孩子
■ 改造后格局：复式 4 室 2 厅、U 形楼梯间

这间住宅最大缺陷就是楼梯间狭窄陡峭，其宽度不足 80 cm，如果两个人对行将无法错身通过。踏板陡峭，老人和孩子上下楼，一不小心就有可能滚落。只这一处地方，就存在很大的安全隐患。

厨房操作面积狭小，转身都不方便，而与之相邻的入户过道区域很宽敞，难免使人感觉空间分配不均衡。二楼的主卫空间偏大，但收纳储物空间又偏小，这些格局上的缺陷都会降低全家人的生活质量。

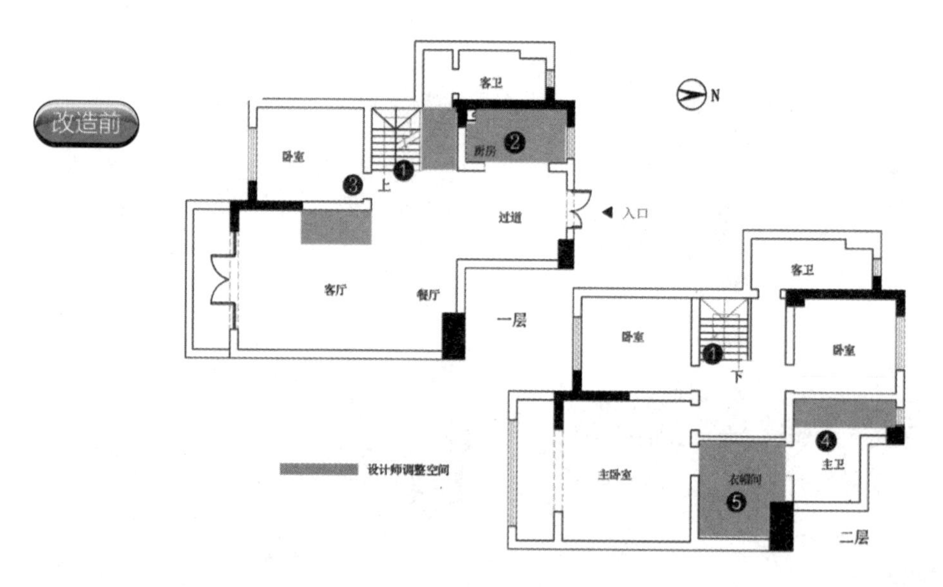

◆屋主需求

❶ 楼梯间使用不便。

❷ 增加储物空间。

❸ 不能接受入户门正对卧室门。

◆设计师意见

❶ 楼梯间狭小、陡峭。

❷ 厨房局促、闭塞。

❸ 入户门正对卧室门，隐私无保障。

❹ 主卫空间偏大。

❺ 衣帽间储物空间有限。

改造方案 A：入户视野开阔，这才是大宅该有的气质。

仔细研究房屋的结构图，发现楼梯洞口四周是混凝土现浇梁，所以如果想扩大洞口面积是不可能的了，于是我们将楼梯逆时针旋转 90° 布局，问题迎刃而解。

针对厨房局促的缺陷，我们拆除掉厨房隔墙，与入户玄关区打通，做全开放式设计，空间顿时活了起来。一层房间设为书房，将原入门位置移动，提高了生活私密性。将二楼主卫、衣帽间、隔壁儿童房这三个空间的面积重新分配，扩大主卧室衣帽间的收纳空间，也给儿童房设计了独立衣帽间，家人的衣物收纳轻松解决。

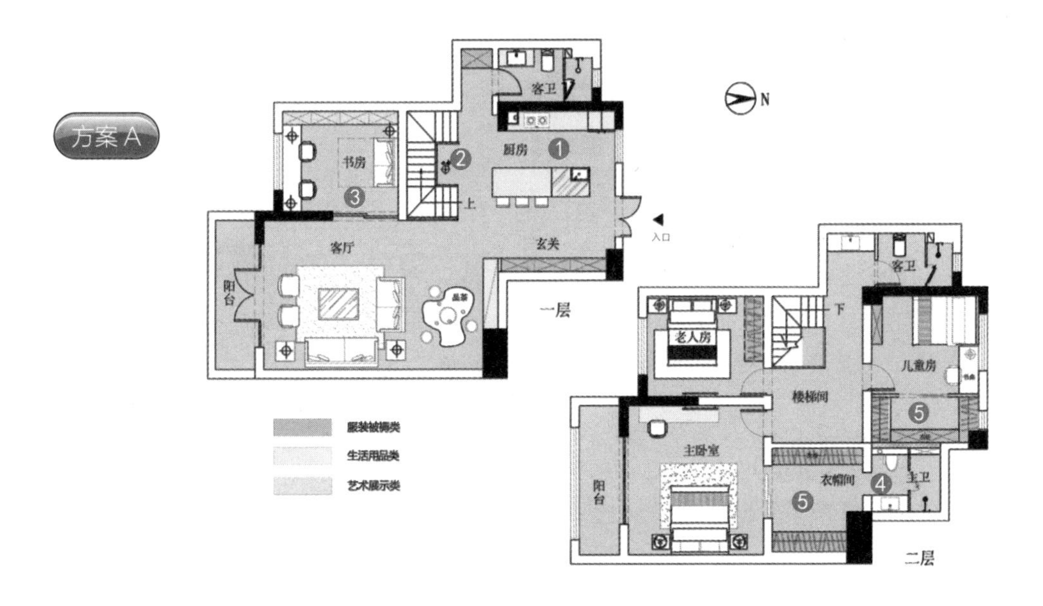

◆设计说明

❶ 厨房打通，与餐厅、玄关合并。

❷ 楼梯间逆时针旋转 90°，一扫狭窄陡峭之感，上下楼不再担心安全问题。

❸ 书房入门改动位置，与客厅之间以推拉门分隔，空间变大气。

❹ 压缩主卫空间。

❺ 增加储物收纳空间。

改造方案 B：枯山水小品，让空间呈现出日式的禅意。

改变进入厨房的开口，由前面进入改为侧面进入。这样改动使原｜形布局改为Ⅱ形布局，操作面积扩大一倍。厨房与玄关过道之间增设隔墙，并留置洞口，设计为吧台形式。这样的设计既保持了视线的通透，使空间层次更加丰富，又使此区域成为家庭聚餐、品酒的核心区。餐区安置在会客区旁边，同时设计出独立的中岛，使整个家庭更具现代气息。

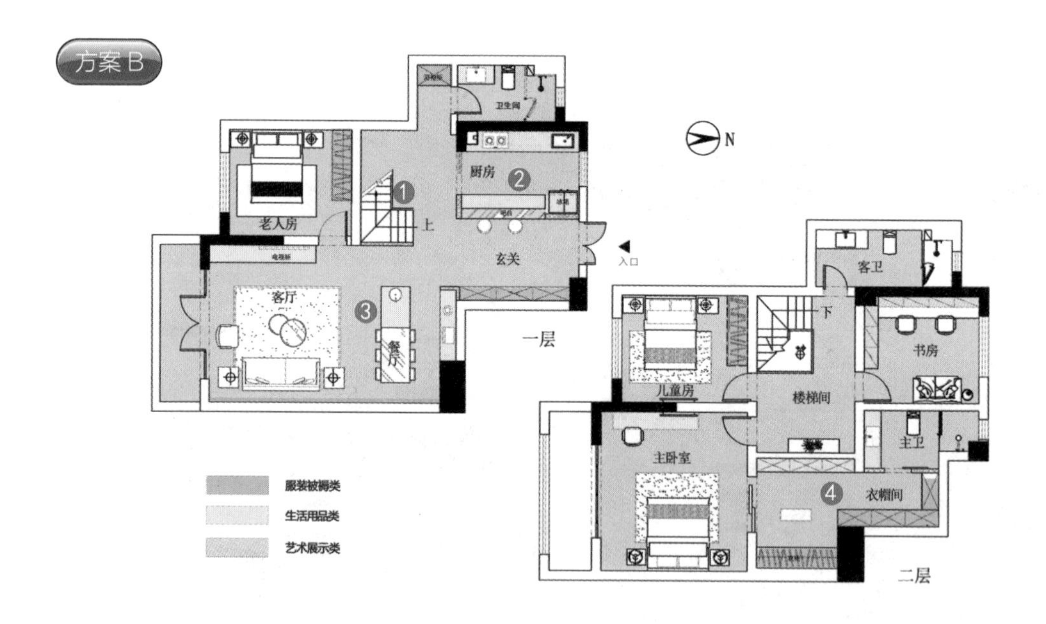

◆设计说明

❶ 楼梯间逆时针旋转 90°，楼梯下设计枯山水园林小品。

❷ 厨房改变入门位置，增加了操作台面积，并在与玄关过道之间设计吧台。

❸ 餐区设计中岛，安置水槽，旁边设计备餐台。

❹ 压缩主卫面积，扩大衣帽间的储物容量。

◤两个方案都调整了原本陡峭的楼梯间，使空间变得平缓。方案 A 将厨房、餐厅、玄关相互打通。方案 B 的设计中融入日式元素，空间恬静、雅致。◢

◆细节展示

1 楼梯间变得舒缓宽敞

楼梯由 II 形改为了 U 形，踏步变得平缓，空间感觉更宽敞，老人、孩子上下楼也方便了许多。楼梯下的枯山水小品，成了室内别致的小景。

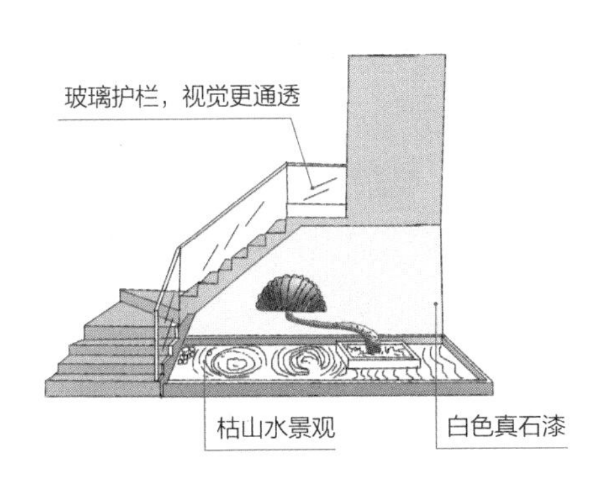

2 围绕着厨房的吧台

厨房改动入门位置，以便扩大操作台面积。围绕着厨房的进餐吧台，颇有日式餐馆的气息。

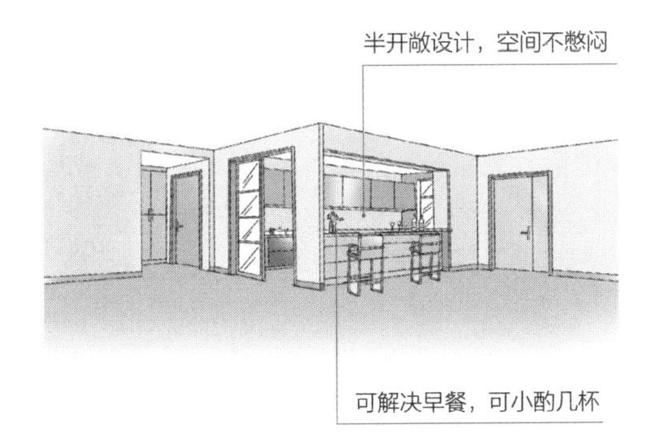

3 餐厅设置备餐区及厨电

餐区设计中岛及备餐台，也安排了上下水、洗碗机、消毒柜，减少了家务劳动量。

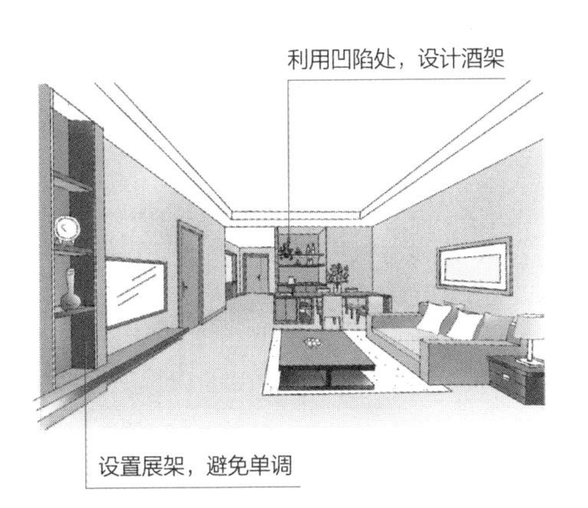

4 主卧室增加储纳空间

原来的主卫空间松散，设计师对其适当压缩，腾挪出空间增强了储纳功能，储纳量翻倍。

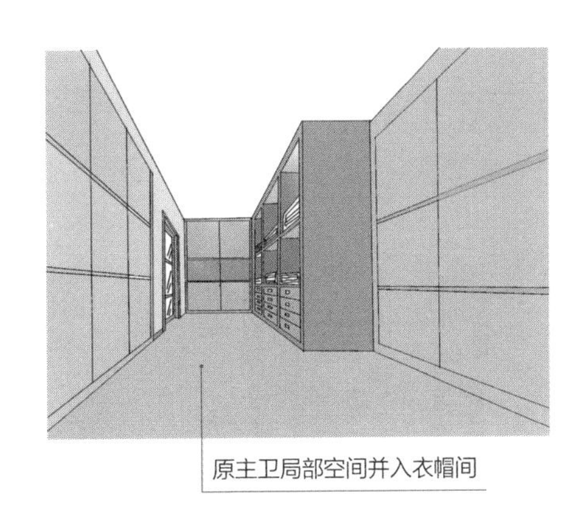

3

通风采光

通透性是衡量一套房子户型好坏的重要标准之一

通透性良好的住宅，便于内部各使用功能的布置，还可以节约能源，保持空气的清新，让人感到精神舒爽、心情愉悦。

房屋通透性是指房子的采光和通风的性能。采光关系到室内光线的明暗，通风则关系到室内空气是否能自然流通。自然采光不足的住宅，会令家人长期生活在昏暗之中，而完全依靠人工照明，对人的身心健康十分不利。

通风就是使风没有阻碍地穿过、到达房间或密封的环境内，置换室内的混浊空气，保持空气的清新，增加空气中的含氧量，使人神清气爽。

小贴士

通透性常见问题：①仅前后采光，中间阴暗；②单面采光，对流不畅；③暗房，完全依赖人工照明辅助；④通透性与私密性冲突。

房子的通透性直接关系到居住者的舒适体验及身心健康，所以人们对此特别关注。在购买房屋时，布局方正、通透性良好的户型更受业主的欢迎。

红色箭头：开间
蓝色箭头：进深

人们所说的户型方正一般是指房屋的长宽比合理，它直接关系到房屋的通透性。怎样的规格尺寸是合理的尺寸呢？首先要理解开间和进深这两个概念。习惯上，我们把一栋楼（或房间）的主要采光面称为“开间”（或面宽），与其垂直的称为“进深”。进深与开间之比一般介于1:1.5之间较好，进深过大、开间过小，会影响房间采光、通风，房间内会显得比较暗；而进深偏小，开间过大又不利于房间保温，浪费能源。要保证户型具有良好的通透性能，首先要求户型要有良好的进深开间比，即户型长宽比合理；其次户型最好有两面可以采光和通风。

但现实中，批量建设的房屋结构不能满足每一户家庭的实际需求，要么卧室数量不够，需要增加；要么布局不符合生活习惯，需要改进。开发商交付的现房的楼间距、位置、朝向已经定型，主体结构也无法改动，我们只能遵循现有的户型结构，在不破坏房屋承重结构及上下水的前提下，进行结构调整。但无论怎样调整，都不能以牺牲通风、采光为代价。

采光可分为自然采光和人工照明，通风可分为自然通风与机械通风，在自然采光和通风不足时，可以通过人工照明与机械通风来补充。但无论科技怎样进步，它们也不能完全代替自然的采光与通风。再先进的照明、通风技术也给不了你透过玻璃窗眺望蔚蓝的天空、呼吸清新自然空气的感受。

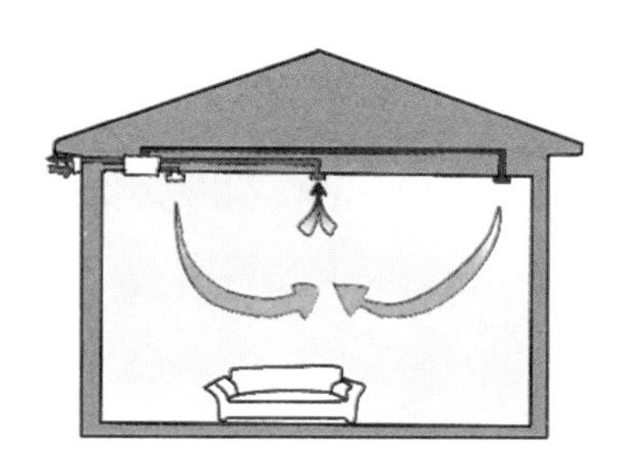

如何增强室内通透性

在格局改造中，让调整后的格局继续保持良好的自然通透性，减少对人工照明、通风的依赖，可以参考以下几条建议：

空间分级对待

如果条件所限，在房间布局时，如卧室、厨房这类对私密性或安全性要求较高，并长时间有人逗留的房间，应保证拥有直接面向外界的开窗，以获得直接采光和自然的通风。对私密性要求不高的空间，比如客餐厅、书房等可通过与通透性好的房间隔墙上开设内窗或利用玻璃推拉门，来获得间接的采光和通风。而像衣帽间、储物间、卫生间这种只做短暂停留的空间，可以安置在采光不佳的区域，使用人工照明和机械通风。

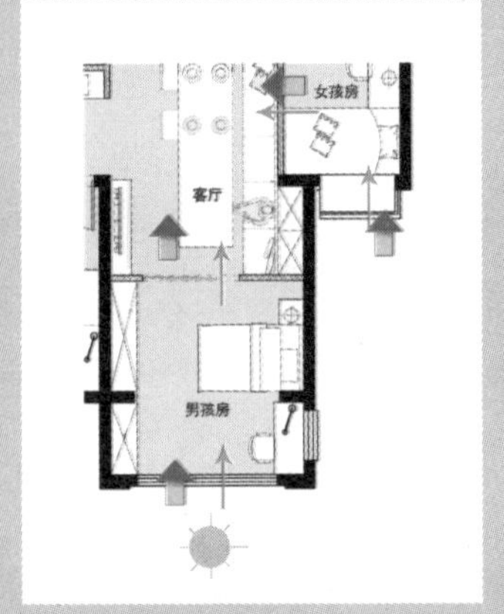

减少房间的纵向叠置数量

不少老房子的结构如同多层夹心饼干，客厅处于房屋最中心，与外窗之间隔着卧室、厨房、阳台等好几个空间，彼此之间依靠内窗进行间接通风、采光，居住体验很不理想。我们要做的就是减少通风、采光的中间环节，缩短内核房间与外窗的距离，变间接采光为直接采光。

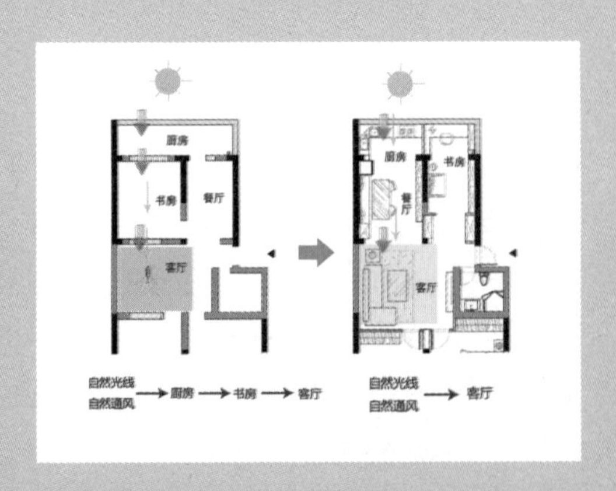

减少硬质隔断

空间规划设计忌分隔得过于琐碎，不但使整体空间呆板，还导致采光效果差，通风不流畅。所以在条件许可时，把一些空间打通做开放式，或利用矮柜、矮墙、家具、岛台、镂空隔墙等形式区分功能，空间的通透性将大幅提高。

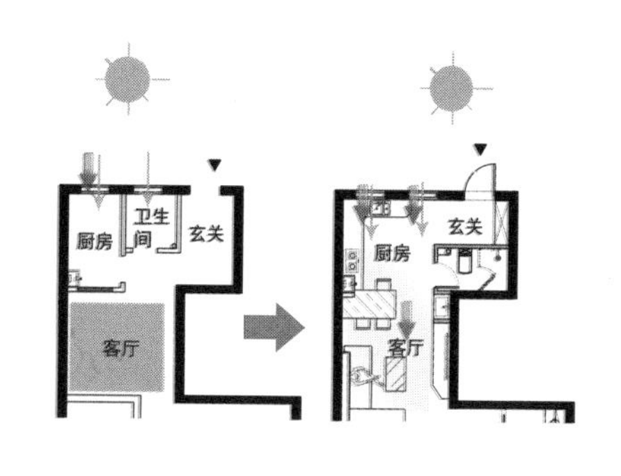

弹性划分空间

人们通常会用几室几厅来定义一间房子，但事实上，住宅的个性是由我们自己的生活方式和居住需求来决定的：例如一张可拉伸的榻榻米，可以让书房一秒变客房；再如一间白天宽敞明亮的儿童活动室，晚上拉出入墙推拉门，变为两个独立的儿童房，各自有独立空间，互不影响。

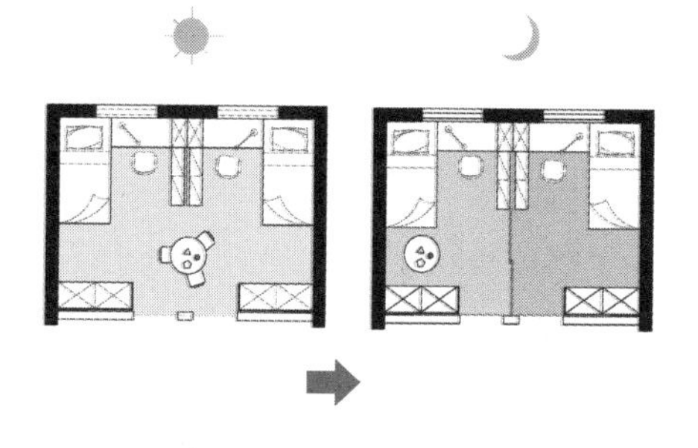

合理运用建材特性

利用穿透性优良的或反射性强的材料，增强室内亮度。有的主卧室卫生间为暗卫，采光全靠人工照明，可以用玻璃作为隔墙材料。这样改造后，既不影响睡眠休息又可增加卫生间的采光度，还使整个空间更加通畅。玻璃砖也是一种优良的隔墙材料，它具有良好的透光性，对于采光不好的区域，能够把其他空间的光线导入，同时有不同清晰度和透明度，便于隐私上的考量，也可在采光不佳的空间运用镜面，以增强光线折射，提高空间亮度。

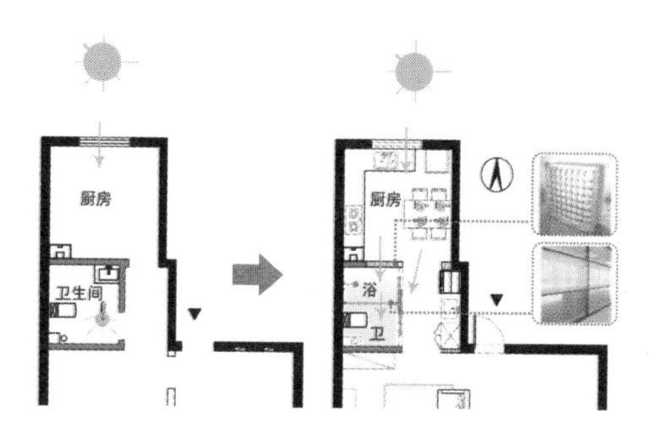

3 通风采光 3-1 喜得龙凤胎，卧室不够用

房屋信息

- 建筑面积：89 m²
- 原始格局：2 室 2 厅
- 居住成员：父母、龙凤胎姐弟
- 改造后格局：3 室 1 厅

Z 夫妻购买的两室新房，本计划三口人居住，生活应该很方便，但龙凤双胞胎的到来，打乱了他们的规划。原准备的卧房不够用，需要增加一间卧室，但在两卧的空间中再增加一间卧室，比较困难，同时还要保障有良好的通风及采光，这确实是一个挑战。

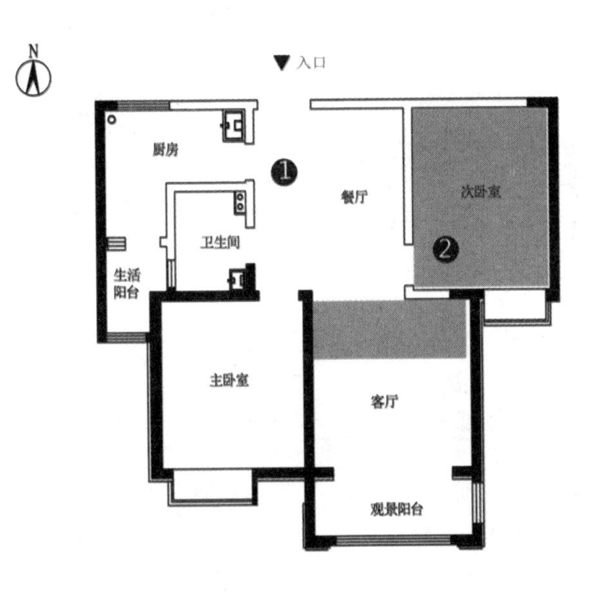

◆屋主需求

1. 需要增加一间卧室。
2. 新增的卧室需要有良好的采光及通风。

◆设计师意见

1. 入户缺乏过渡区。
2. 如需增加卧室数量，现有次卧室面积需要压缩。

改造方案 A：空间腾挪，增加一间儿童房。

把两卧的房型改造为三卧的布局，还要保障改造后的每个房间都有充足的采光、通风，及整体空间上的流畅，确实很伤脑筋。

在这套方案中把原次卧室与餐厅打通，用作新客厅的空间，保证了客厅、餐厅的通畅。而把原客厅空间一分为二，增加了一间卧室。新增的房间为榻榻米设置，用日式障子纸推拉门开启，同时在其与客厅之间留矮窗，既可保障通风及采光，又可使视线通透，晚上休息时，只要关闭窗扇及卷帘，就可以保证私密性。在入户处利用弧形造型打造玄关屏风，并与餐厅卡座及客厅的地台首尾呼应，既避免入户无过渡，又使空间造型流畅。

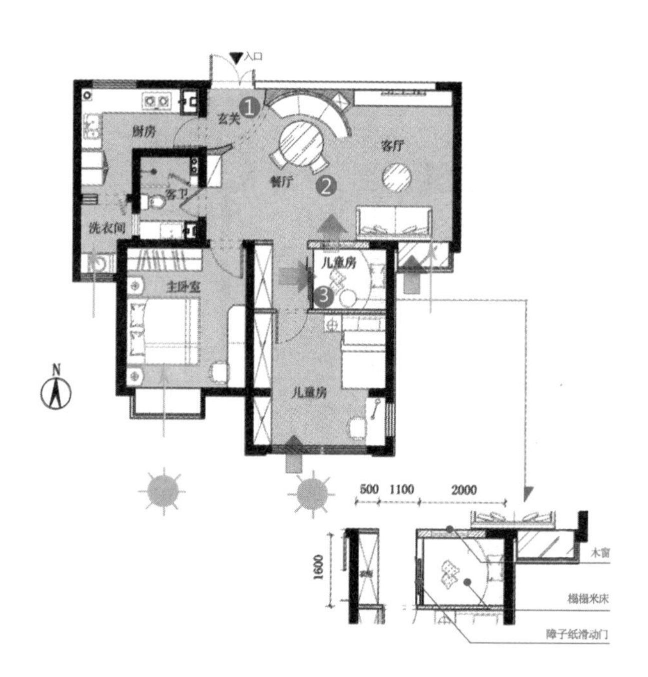

◆设计说明

❶ 利用弧形玄关屏风，让入户后具有了过渡缓冲区。

❷ 原餐厅与次卧室打通，改造为新客厅。餐厅的卡座与弧形玄关首尾呼应，避免突兀。

❸ 榻榻米的新卧室，保障了居住者的睡眠质量。良好的通风采光，使房间宽敞明亮。

改造方案 B：待客、用餐、工作、谈心，大长桌成为家庭的核心。

将原客厅及次卧室空间进行整合，分别用作两个孩子的卧室。整合出的空间结合原餐厅面积，改做了新客厅。打破常规设计思路，用一个大长桌将客厅及餐厅进行连接。两间儿童房在设计中，利用玻璃推拉门及横条长窗，保障了客餐厅区域的采光及通风。入户正对玄关柜，既解决了收纳问题，又使家庭拥有了玄关过渡区域。 卫生间盥洗盆外移，解决了卫生间狭小的尴尬，实现了干湿分离。

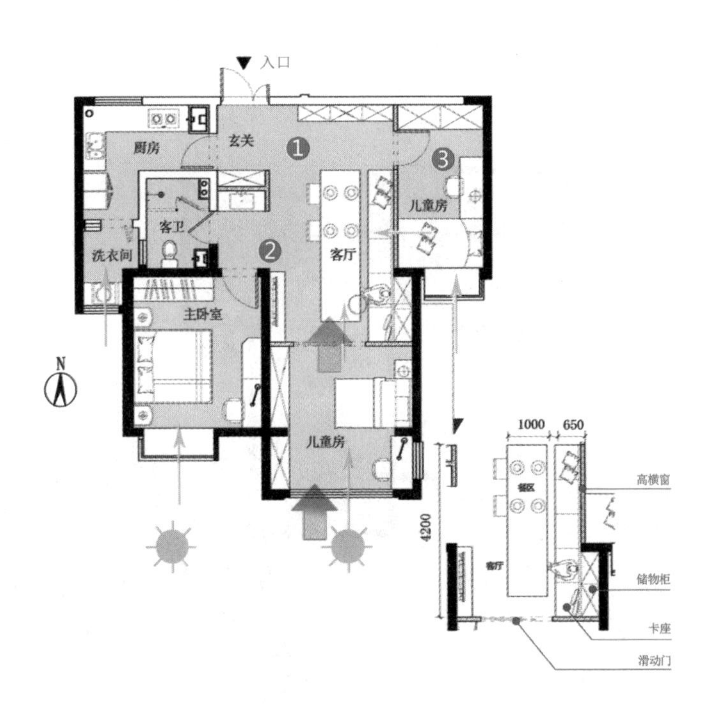

◆设计说明

❶ 利用整合出的空间打造了新的客餐厅区域，大长桌成为家庭的活动中心。

❷ 利用玄关柜背面空间，设置盥洗台，减少客卫承担的功能，提高舒适性。

❸ 原有次卧室空间适当压缩，在客厅之间的隔墙上方开内窗。

方案 A、B 都在原有的空间中增加一个儿童房，实现了两室变三室，并充分考虑了房间的通风与采光。方案 B 舍弃了传统的做法，用一个大长桌，满足了会客、就餐等诸多需求。

◆细节展示

1 大长桌将客餐厅进行整合

入户门处设计玄关柜，对视线进行阻隔，形成独立的玄关过渡空间。长长的大条桌将客厅与餐厅进行了贯通整合，成为家庭中的活动及视觉中心。利用卡座后方的凹陷空间打造了一个多宝格，可放置家人喜欢的摆件或书籍。

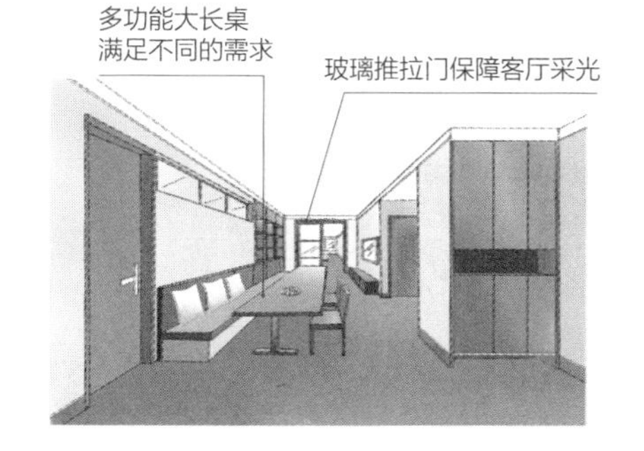

2 卫生间盥洗区外移

盥洗区域外移，使狭小的卫生间得到了解放，也实现了干湿分离的布局，日常使用起来更加高效。

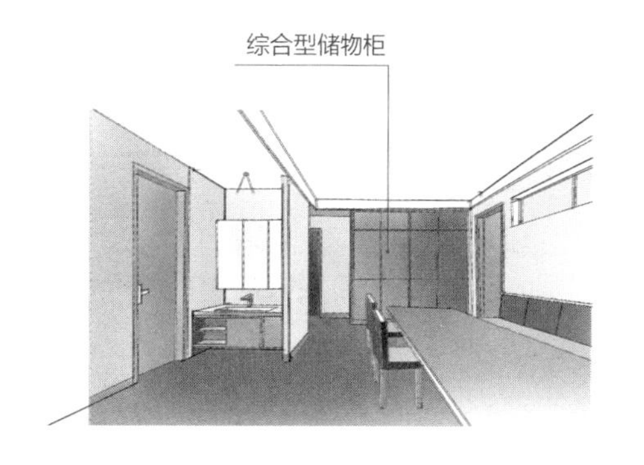

3 儿童房面积压缩

压缩后的儿童房虽然面积减少，但其睡眠、学习、储物等功能都不受影响。隔墙横开的内窗把室外的光线传到客厅，再加上南卧室的玻璃推拉门，使客厅的采光、通风得到了保障。

设计百科

儿童房设计注意事项

1. 安全放首位 窗户护栏、家具尽量避免棱角的出现，尽量采用圆弧收边。材料也应采用无毒的安全建材为佳。

2. 色调明亮活泼 儿童房的壁面或家具色调，最好以明亮、轻松、愉悦为选择方向， 色泽上不妨多点对比色。

3. 照明充足，采光要好 合适且充足的照明，能让房间温暖、有安全感，有助于消除孩子独处时的恐惧感。

3-2 破解入户曲折、客厅昏暗的难题

房屋信息

■ 建筑面积：80 m²

■ 居住成员：父母、孩子

■ 原始格局：2 室 1 厅

■ 改造后格局：3 室 1 厅

典型的老式住宅，普遍不重视采光、通风，这套也不例外。客厅面积所占比例偏小，而卧室所占比例偏大。客厅的采光需要依赖于厨房外墙的窗户，光线先进入厨房，再经客厅、厨房之间的窗户进入客厅，其效果可想而知。入户动线不甚流畅，弯弯曲曲好几道弯。家中读书的孩子需要有个环境良好的学习空间，这一点在设计中也需要体现出来。

改造前

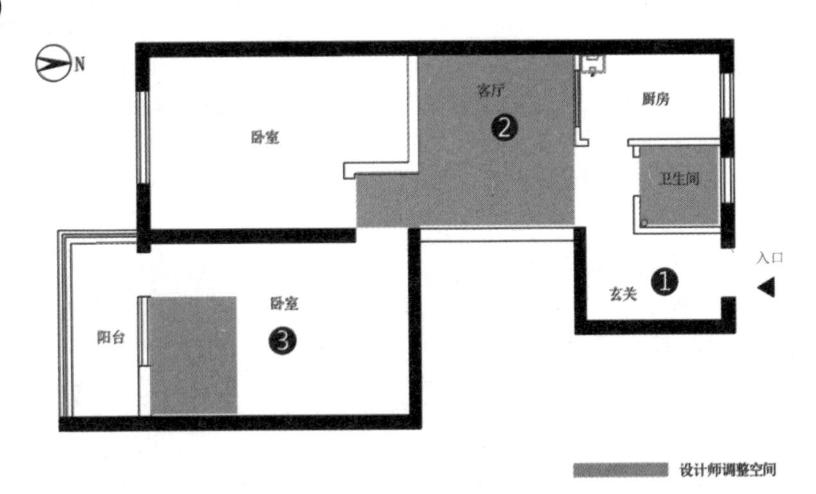

◆屋主需求

❶ 客厅光线不好，需要改进。

❷ 需要充足的收纳空间。

❸ 希望有一个舒适的学习空间。

◆设计师意见

❶ 入户曲折，给人的体验不好。

❷ 客厅狭小、空间不流畅、采光差。

❸ 通往阳台的卧室面积较大，需要对此空间充分利用。

改造方案 A：空间贯通，清风、光照直达家中的每个空间。

拆除厨房与客厅之间的隔墙，让室外的光线毫无保留地倾泻到客厅，使整个空间的采光和通风状况大为改善。中岛的设计，既可弥补厨房操作区不足的局限，又可用作餐桌，成为空间的聚焦中心。适当压缩儿童房的空间，让家庭公共区域更加宽敞。儿童房与客厅之间的门洞适当移位及扩大，以便在儿童房的东墙打造出同长的学习书桌，使其有一个舒适的学习区。儿童房采用磨砂的玻璃移门，又进一步提升了客厅的采光度。

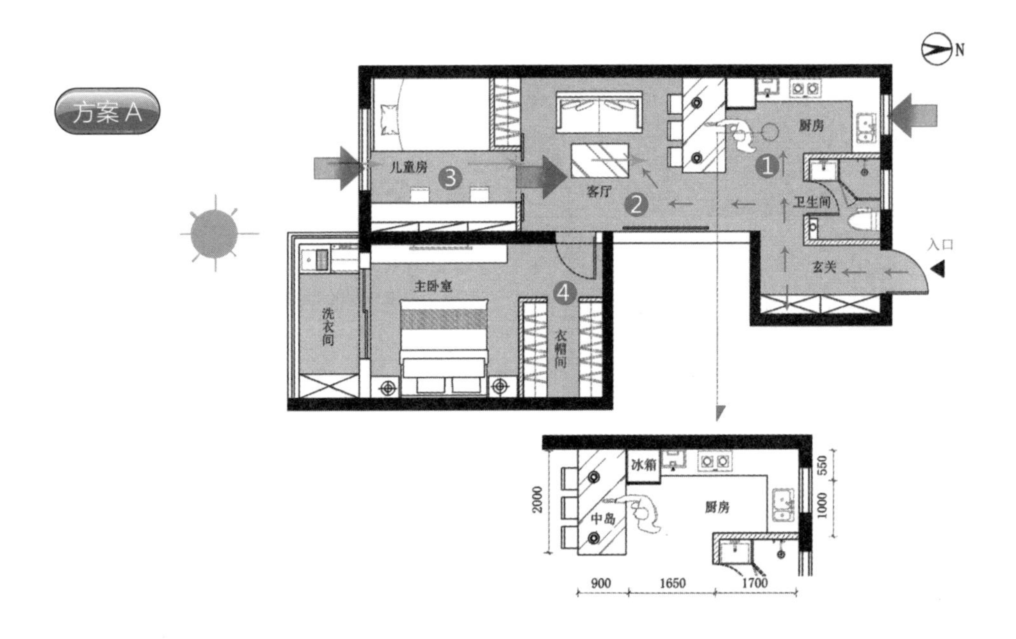

◆设计说明

❶ 厨房改为开放式，以便室外光线更好地进入客厅。

❷ 改变传统客厅沙发加电视机的组合模式，在客厅不再设置电视机，让其回归起居室的本色。

❸ 在儿童房的一侧设置宽大、舒适的学习区域，满足孩子的需求。

❹ 在主卧室打造了一个步入式衣帽间，全家人的收纳都可满足。

改造方案 B：卫生间移位，入户动线及客厅采光都得到改善。

在确保上下水主管道不动的前提下，将卫生间整体移位，既改变了入户动线，使之更流畅，又使入户后有了一个独立的玄关过渡区。同时在入户左手处设置了充足的收纳柜，入户收纳更方便。另一个好处就是使被卫生间遮挡的外窗直面客厅，阴暗的客厅一下明亮起来。

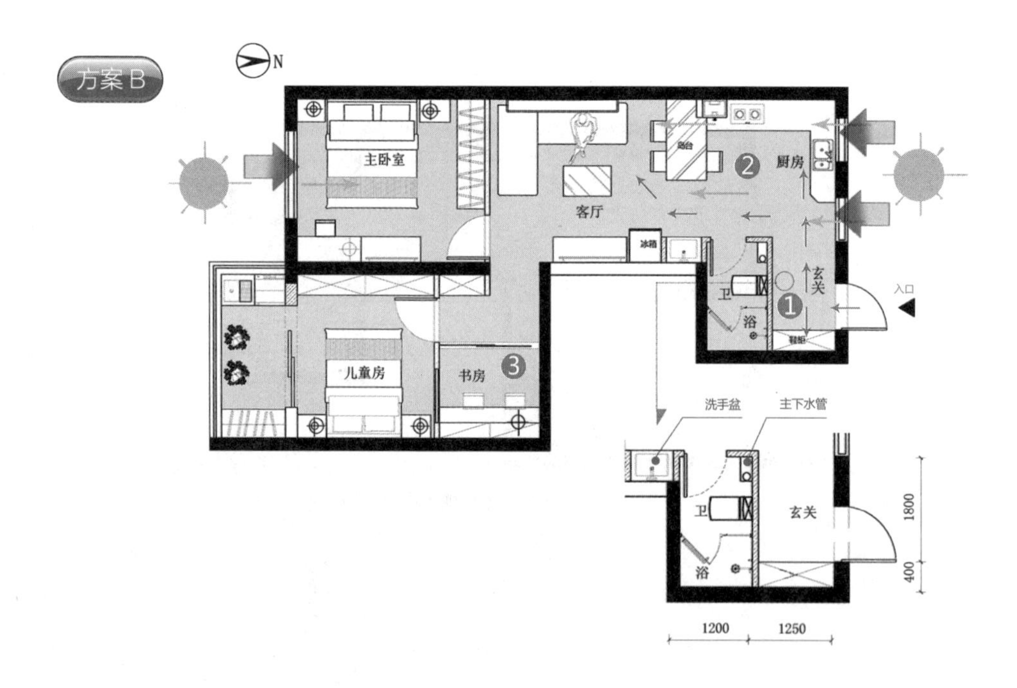

◆设计说明

❶ 对卫生间进行了整体移位，入户动线变得顺畅，客厅采光得到加强。

❷ 客厅与厨房打通，通风、采光大为改善。

❸ 分隔出独立书房。

方案 A、B 都选择将封闭厨房改为开放式，让自然光线穿越厨房进入客厅。改善空间的通透性。B 方案直接将卫生间进行了移位，使得入户动线更加流畅。压缩主卧面积，新增一间独立书房。

◆细节展示

1 卫生间移位

在确保上下水畅通的前提下，将卫生间移至房间一角，使入户动线变得更流畅。原卫生间的外窗，直接朝向了客厅，客厅的采光得到了加强。

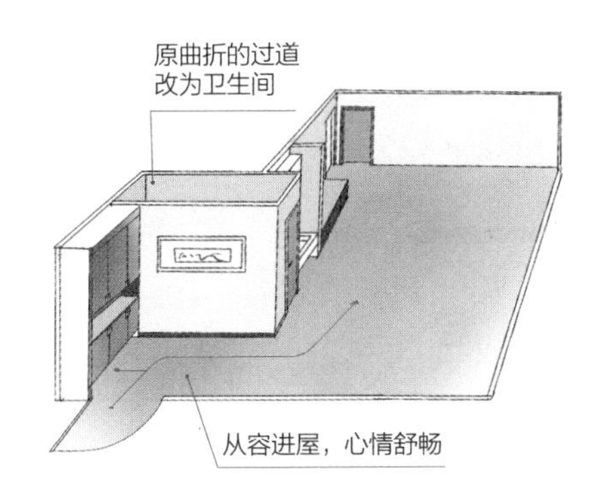

2 客厅与厨房打通

改变厨房旧有的格局，使其更开敞。设置中岛为餐区，客厅、餐厅、厨房融为一体，原先空间的局促狭隘一扫而空。

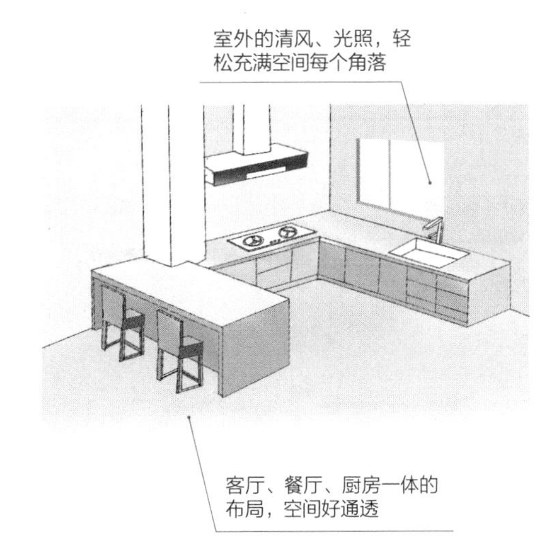

3 设计了独立的学习区

充分利用空间，打造出了独立的学习区域。利用横窗将卧室自然光引入，在卧室一侧安置百叶折叠帘，在需要时进行收拉。

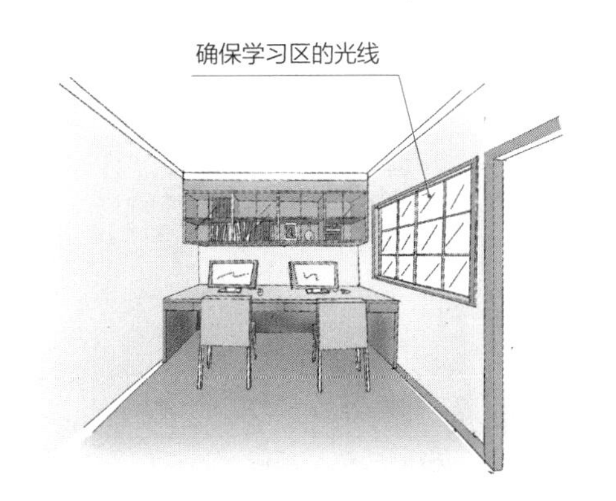

3-3 中段是暗房，如何让光线蔓延入室内

房屋信息

■ 建筑面积：100 m²　　■ 居住成员：父母、孩子

■ 原始格局：3 室 2 厅（暗厅）　　■ 改造后格局：3 室 2 厅（明厅）

建于 20 世纪 90 年代的房屋，也带有那个时代鲜明的特点：客厅位于房屋的中央，南北两侧都有房间，犹如三明治。客厅的采光只能借助两侧的卧室开窗来透光，各房之间相互干扰，日常起居实在不便。

另外，还存在厨房狭长、动线不合理的缺陷。在厨房做一顿饭，需要来来回回跑好多趟，让人腰酸背痛，无形之中增加了很多家务劳动量，做饭时产生的噪声，还经常干扰隔壁通过它采光的书房。

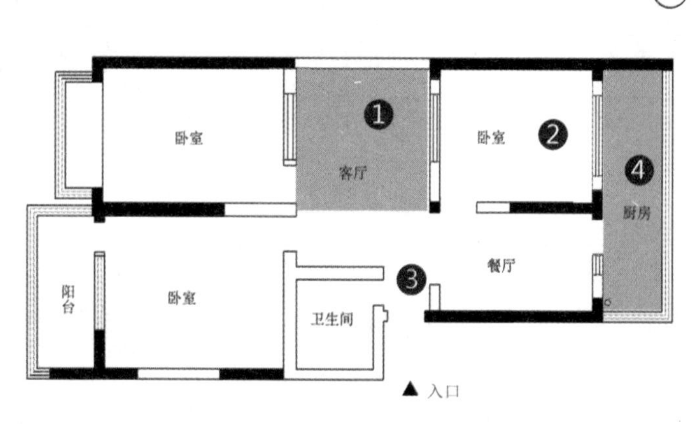

◆屋主需求

❶ 客厅采光差，需要改进。

❷ 厨房狭长、使用不方便，需要重新规划。

◆设计师意见

❶ 客厅采光、通风路径过长。

❷ 北卧室易受厨房干扰。

❸ 入户缺乏收纳空间。

❹ 厨房狭长。

改造方案 A：书房光线充足、通风流畅，变为家人最喜爱的地方。

格局腾挪，把厨房、餐厅、客厅、书房这一系列家中的公共空间，统一到一条线上。南北畅通，实现了采光、通风、动线最优化。客厅也抛弃了电视机这一主角，沙发相对摆放，营造出温馨的家庭气氛。把原餐厅改造成了儿童房，休息、学习、储物功能齐全。

方案 A

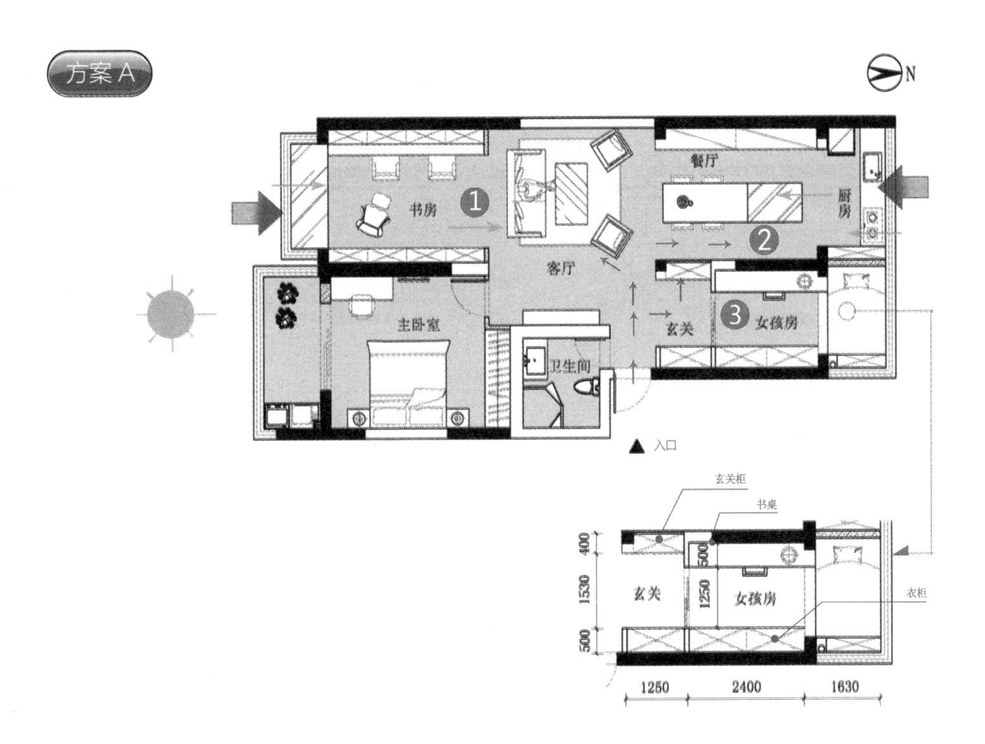

◆设计说明

❶ 南卧室改造为书房，并与客厅、餐厅、厨房贯通，清风、阳光贯通无阻。

❷ 厨房适当瘦身，改变狭长局面，和餐厅完全开放。设置中岛，让生活更有趣。

❸ 原餐厅空间改造为孩子的卧室，靠窗位置设置榻榻米，空间得到最大限度的利用。

改造方案 B：书房、餐厅位置对调，起居空间窗明几净。

北卧室与餐厅位置调换，使餐厅与客厅连为一体，厨房适当瘦身。这样的改动使充足的自然光线与清风，通过开敞的厨房，轻松抵达客餐厅，一扫原来的闭塞、昏暗。原餐厅位置改造为独立的书房，并在入户玄关处留出了充足的收纳空间，使屋主归家后，可以轻松地换鞋、挂外套了。

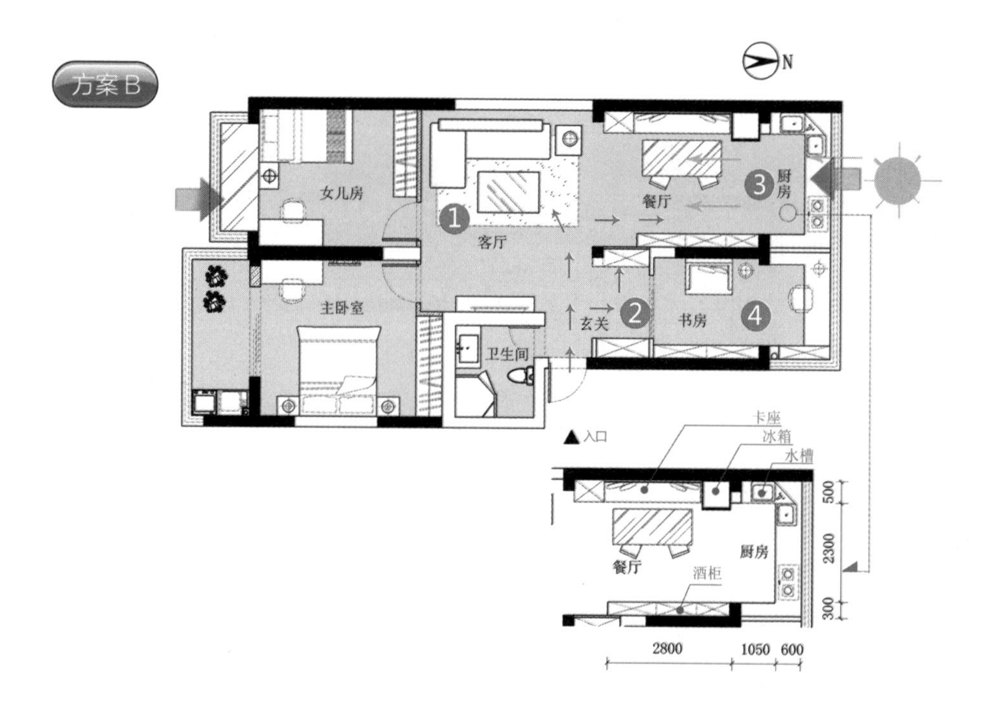

◆设计说明

❶ 客厅面积扩容，并与餐厅打通。光线、风可以通过北邻的餐厅轻松透过来。

❷ 玄关处预留了充足的储藏空间，入户收纳更随心。

❸ 厨房与餐厅打通并适当瘦身，家务动线更便捷。

❹ 原餐厅部分改为独立的书房，再也不用受外界的干扰了。

方案 A、B 都将室外的自然风、光照轻松引入起居空间。方案 A 更将书房安置在朝阳的南卧室位置，并与客厅、餐厅、厨房南北贯通。而方案 B 将书房与餐厅位置进行了对调。

◆细节展示

1 客厅与北阳台完全贯通

客厅与餐厅连为一体，无论视线、交通都变得更通畅，也更适应现代家庭的生活习惯。

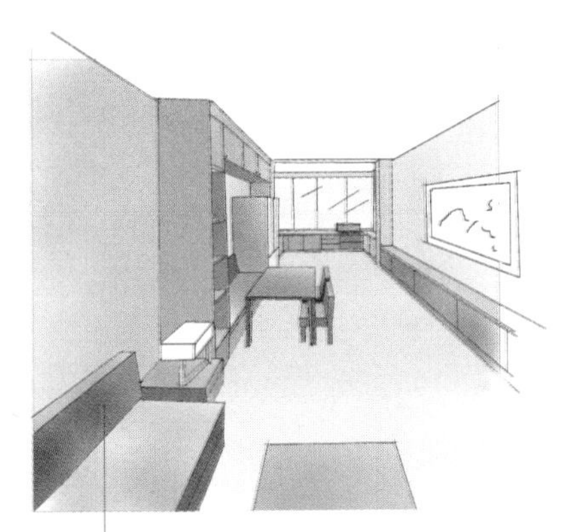

2 设置玄关收纳柜

移位后的新书房部分空间向里收缩，腾挪出一个小的玄关区。增加两组相对的玄关柜，以解决回家后的衣物储纳需求。

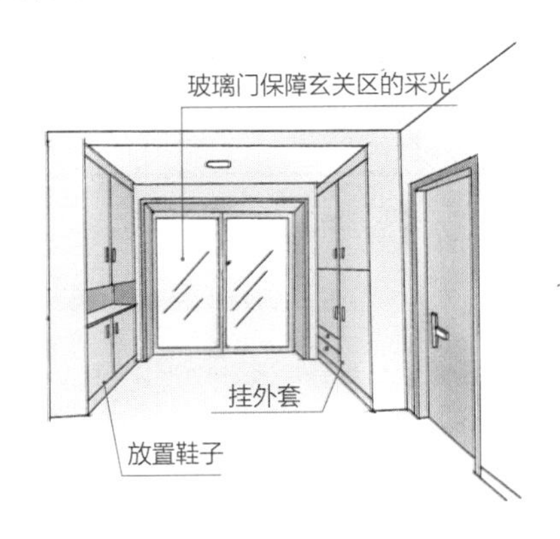

3 厨房区域得到优化

将厨房区域进行优化，把原来狭长的 I 形格局改为了 U 形，使用空间更大。新厨房和餐厅、客厅相贯通，使室外的光线与清风，可以畅通无阻地进入起居空间。

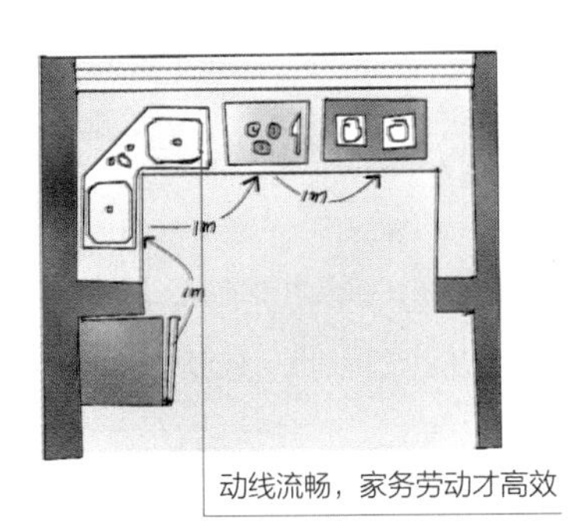

4 新书房独立性增强

书房与原餐厅对调后，又并入厨房局部的面积，空间瞬间变大。因改造后拥有直接对外的窗口，破除了原来需要借道其他空间的窘境，室内的采光、通风大为改善。

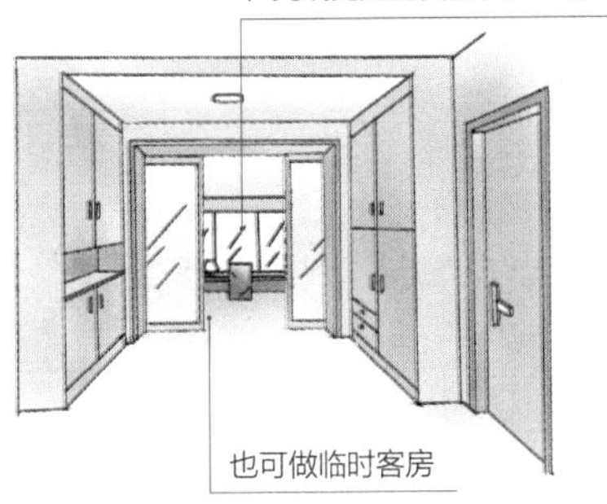

3-4 单面采光的老房子，白天也需要开灯的起居室

房屋信息		
	■ 建筑面积：85 m²	■ 居住成员：父母、孩子
	■ 原始格局：2 室 1 厅	■ 改造后格局：3 室 1 厅

老的单位宿舍住宅，客厅为暗房，全部的采光、通风需要借助相邻卧室的开窗，不但效果差，还相互干扰。这样的现状使得室内需要全天开灯才能居住。两个卧室的配置，无法解决老人偶尔来居住的需求。老式结构，预制楼板东西摆放。客厅与卧室之间的隔墙理论上可以拆除，但考虑到邻里的担忧，我们需要做两手准备：一套方案是保持所有隔墙不动，只是开窗洞；另一套方案是拆除客厅与相邻卧室的隔墙，以便布局可以更灵活。

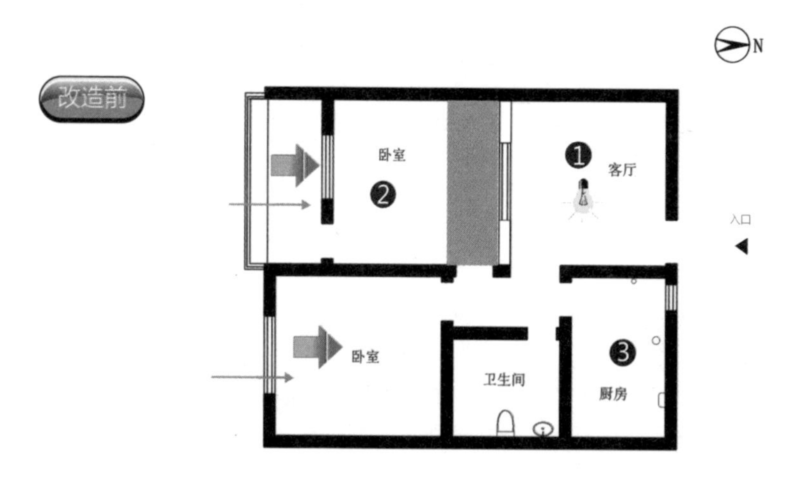

◆屋主需求

❶ 客厅昏暗，需要引入更多的自然光。

❷ 增加一间客房。

❸ 需要布置出孩子的学习区。

◆设计师意见

❶ 客厅光线昏暗，白天也要靠人工照明。

❷ 两个卧室所占比例稍大，需要考虑怎样才能更有效地使用。

❸ 厨房面积宽敞，要考虑怎样利用才不至于浪费。

这套设计方案偏保守，没有对隔墙进行大的拆除，只是把内窗台矮墙打掉。在客厅的设计上摒弃传统思路，不再摆放沙发及电视机，而是打造了舒适的卡座和长条书桌。一家人可以在此聊天、谈心、看书上网、品茶，更加适合现代家庭的生活习惯。两个窗台的拆除，使家庭空间更加流畅，自然的光线和风也能到达每一个房间的角落。

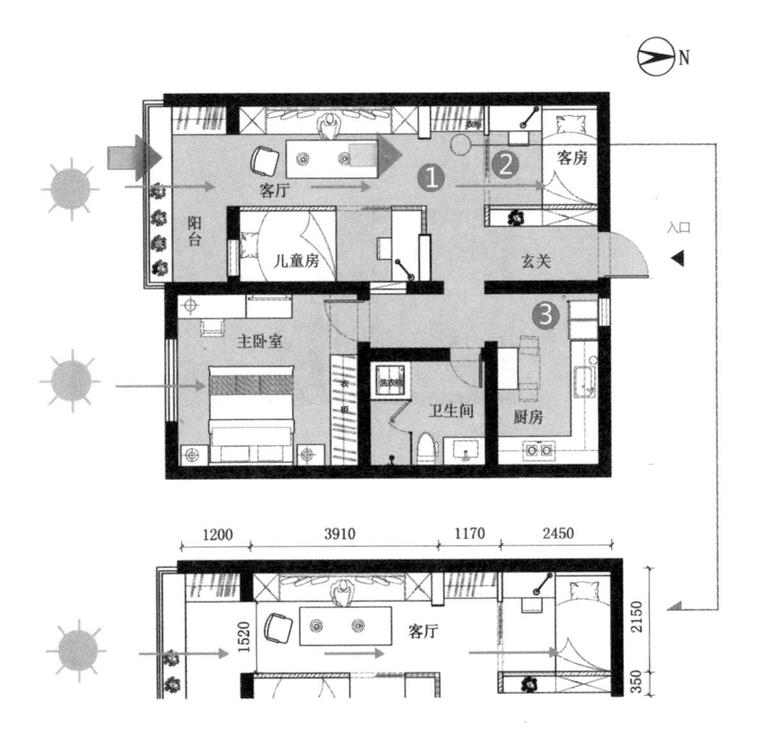

◆设计说明

❶ 原客厅与西南卧室之间的窗洞打开，并将西南卧室的空间拆解，一部分改为起居室，另一部分作为儿童房。

❷ 利用原客厅一角设置了客房，利用木窗及推拉门保证采光，使其不憋闷。

❸ 在厨房安排了折叠餐桌，充分利用每一寸空间。

改造方案 B：拆除隔墙，利用玻璃隐形滑门，让北客房也变明亮。

这套方案设计改动力度较大。经过原设计单位的核准，将原客厅与相邻卧室的隔墙完全拆除，使客厅与卧室空间完全贯通，并用碳纤维布及钢梁进行了加固。儿童房南北两端都采用了透光性良好的推拉门，使得自然光线轻松穿透室内到达房间最北端，室内的交通及通风也没了障碍。

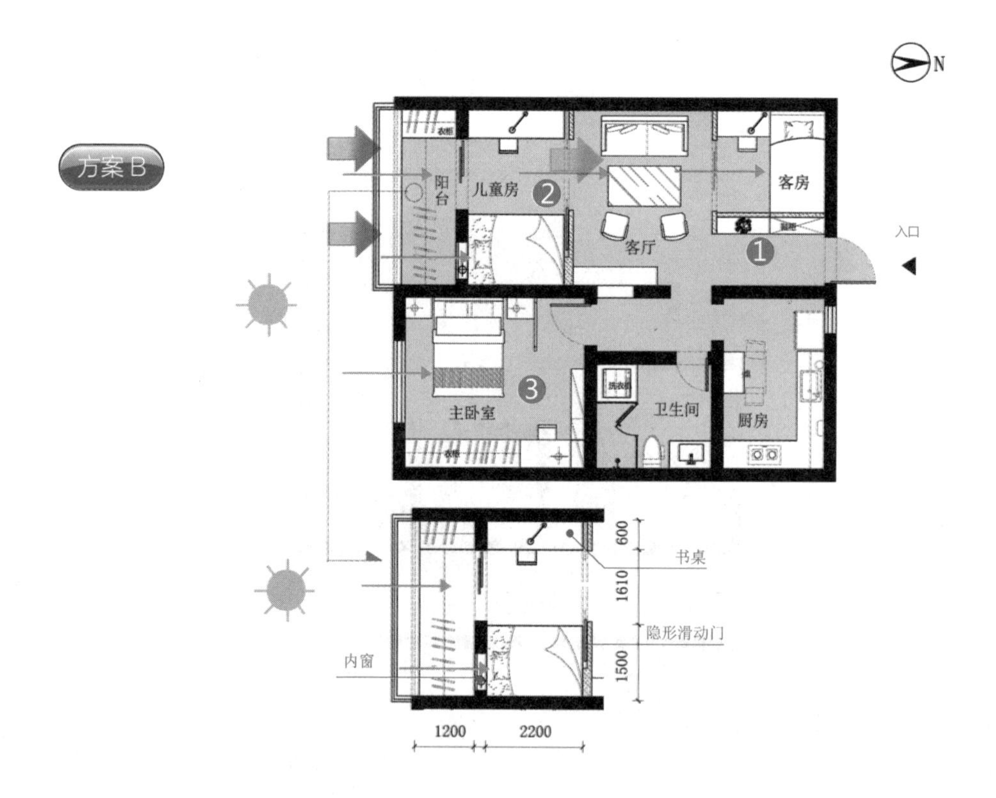

◆设计说明

❶ 入户后经过缓冲玄关区，右手处安排了收纳柜。

❷ 儿童房适当瘦身，利用玻璃滑动门增加起居空间的采光、通风。

❸ 床体 180° 调位，在房间的东侧墙面打造收纳柜及书桌。

方案 A、B 都通过减少室内隔墙，增加了起居空间的采光及通风。方案 A 相对保守，只将内窗台拆除。方案 B 一步到位，将隔墙完全拆除掉，让空间更加通畅、明亮。

◆细节展示

1 利用内窗增加客房的采光通风

入户后在其右手旁设计了充足的收纳柜，并在隔墙上设计内窗，以增强客房的采光及空气对流。

2 客厅利用玻璃门增强采光、通风

儿童房虽然面积减少，但空间得到优化，拥有了更充足的学习区。通过设置推拉门，客厅及客房的采光、通风都得到了改善。

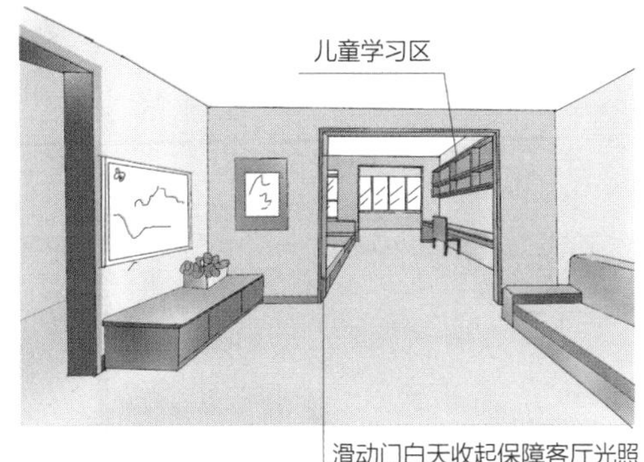

3 主卧室空间得到充分利用

主卧室床摒弃传统布局方式，空出完整的东墙打造了充足的收纳空间，同时还设置了书桌及书柜。为避免推开门后视线直达卧床，在主卧室设计了镂空的木质隔断，既缓冲了视线，又使空间层次更丰富。

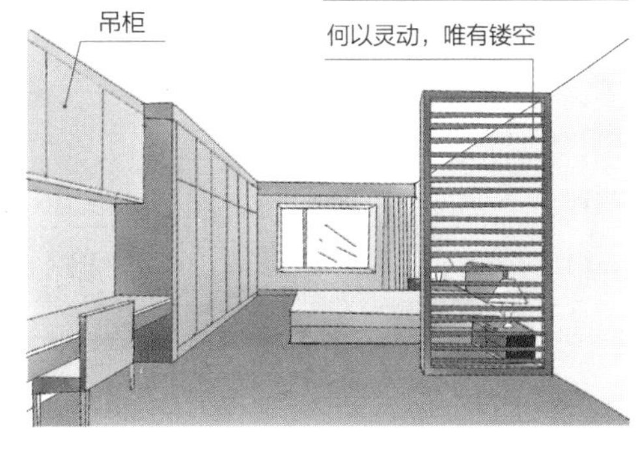

设计百科

老房拆改注意事项

1. 不可野蛮、盲目拆改 需要参照原始设计图纸或经专业机构批准后方可进行。

2. 不可私自动工 施工前需要将施工图纸向物业管理处报备。

3. 邻里和睦 施工前需要向上下楼邻居告知，以便得到他们的理解与支持，减少后期纠纷。

4. 做好拆除防护工作 掌握水电路的走向，做水路保护和电路的绝缘，再进行拆除，避免拆除工作产生的垃圾堵塞下水口。

5. 保持环境整洁 拆除后的垃圾，需要及时清理外运。

3-5 退休夫妇，需要安享晚年的居所

房屋信息
- ■ 建筑面积：152 m²
- ■ 原始格局：4 室 2 厅
- ■ 居住成员：夫妻
- ■ 改造后格局：3 室 2 厅

H 夫妇为高校教授，辛勤工作大半生，退下来准备安享晚年，而现有的布局似乎不能满足他们的需求。因为日常生活只有老两口，不和儿孙们一起生活，所以他们不需要过多卧室，而是希望能拥有一间洒满阳光的起居室，每天能晒着太阳看看书、聊聊天。原有的卫生间使用不方便，一方面是狭小局促，另一方面是没有窗户，完全依靠人工照明。

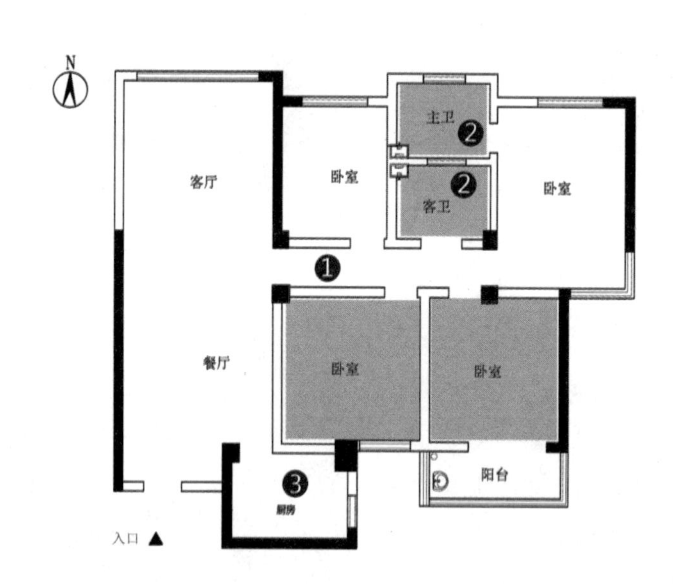

◆屋主需求

❶ 希望能有一间洒满阳光的起居室。

❷ 需要一间起居室、一间主卧室、一间客房。

◆设计师意见

❶ 狭长幽暗的长廊，影响生活质量。

❷ 卫生间设置不合理。

❸ 厨房空间闭塞。

改造方案 A：双卫合一、环形动线，打造具有适老思路的空间。

将狭长幽暗的长廊拆除，三明治夹心布局改为南北双层布局。将南边的两个卧室打通，用作客餐厅区域，家庭公共空间可以沐浴在阳光及微风中，既满足了屋主夫妇的喜好，也对老年人的健康更加有利。

将原来的两卫合并重新规划，空间布局更灵动。在交通上设置环形动线，更加适应老年人的生活习惯与生理特点。在卧室布局上安置了双床，提升了两位老人的睡眠质量。

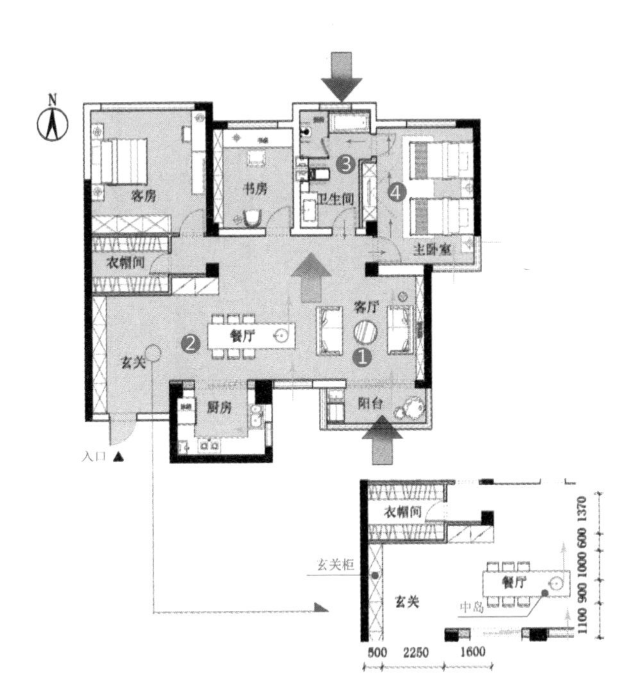

◆设计说明

❶ 日常的起居空间安排在客厅向阳的地方，白天能享受到充足的日照。

❷ 宽敞的入户玄关区域，整面墙的收纳柜，保证了家庭的整洁舒适。

❸ 两卫合一，更加宽敞方便，尤其形成的环形动线，也呈现出适老设计的思路。

❹ 针对老人睡眠浅的特点，安置双床，减少相互之间的干扰，这也得到了屋主的肯定。

客厅沙发及电视墙都采用不规则形式布局，这使整个空间的氛围轻松又随意。在客厅的一角设计出一个壁炉，在冬日的午后，伴随着跳动的炉火，烹茶烤火又翻书，真是晚年乐事。在房间的配置上，安排了一间主卧室、一间客房、一间书房。原有的两个卫生间重新规划，其中客卫分配给客房，便于留宿的客人或回家的儿女使用。主卫两边开门，形成环线，方便屋主的日常通行。

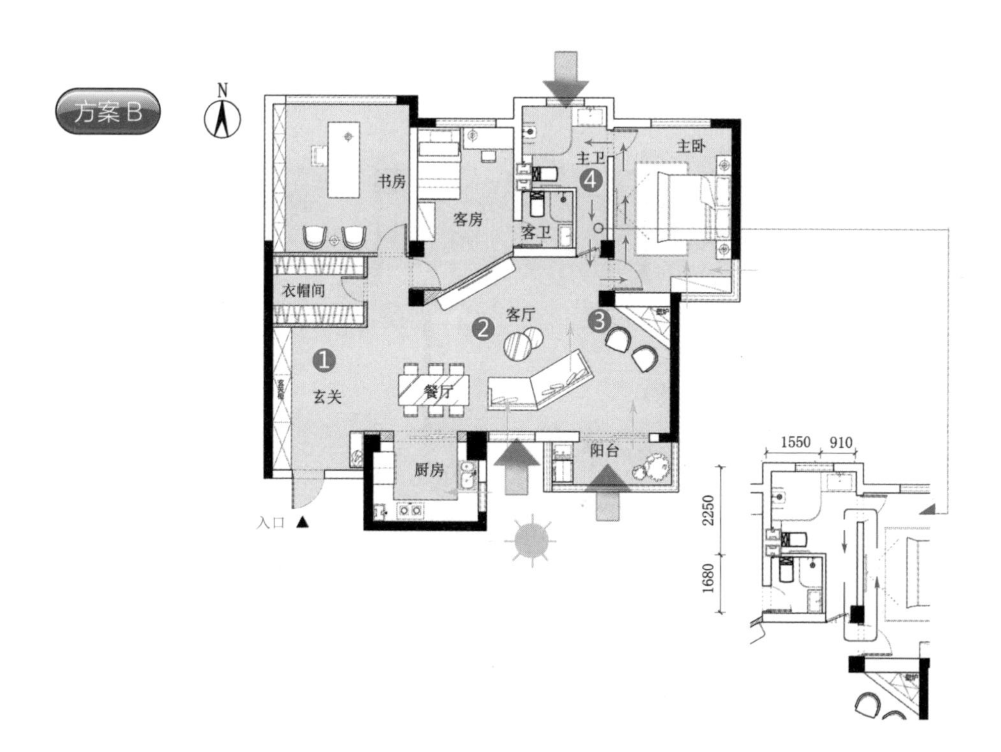

◆设计说明

❶ 宽敞的玄关区域及充足的收纳空间，彰显大宅的气质。

❷ 倾斜的电视墙及不规则转角沙发，让起居空间呈现出轻松的氛围。

❸ 利用墙角设置的壁炉，打造房间的一个亮点。

❹ 两卫空间重新分配，主卫设置为两门开门，设置的宽度以满足轮椅通行为标准。

方案 A、B 都将原来狭长的走廊拆除，客厅设置在向阳的位置。方案 A 双卫合一，双入口。方案 B 两卫空间整合，为预留的保姆房分配了一个卫生间。

◆细节展示

1 客厅布局轻松自然

倾斜的电视墙，不规则的转角沙发，让室内呈现出轻松自然的气氛。南向明亮的大窗及玻璃推拉门，都使阳光能毫无保留地洒满整个起居空间，满足了屋主喜爱自然光的情结。

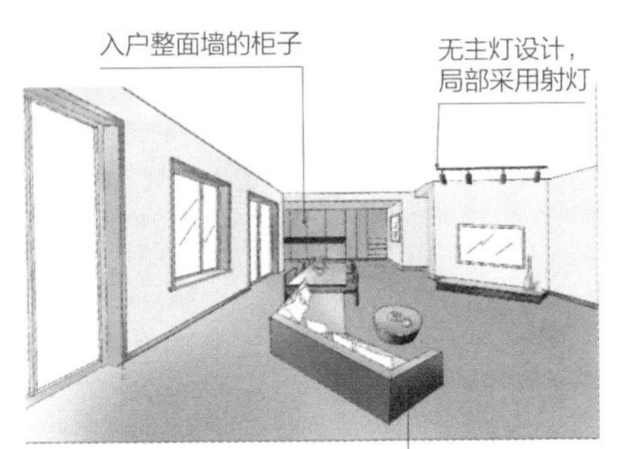

2 壁炉成为家庭一景

利用墙角的空间设计出一个壁炉，向上的烟筒外贴毛石装饰片，内嵌电子壁炉芯，既具备空间装饰作用，又可在冬季用来取暖。

3 环形交通的主卧室卫生间

两个卫生间重新整合规划，主卫依据适老设计的原则，特意设计为两开门的环线交通，门洞宽度以通过轮椅为标准。

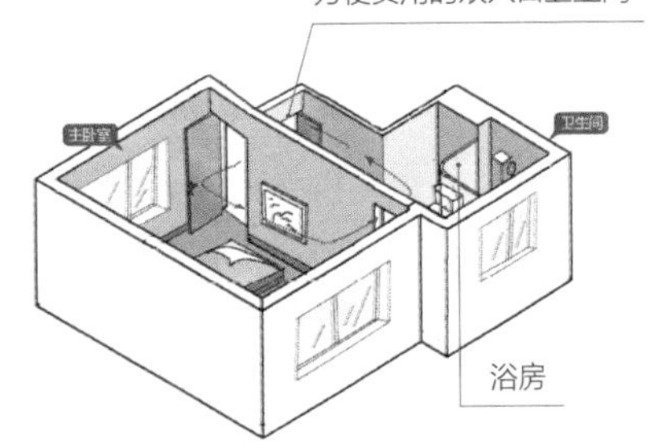

设计百科

老年住宅设计注意事项

1. 室内地面需要保持平整，避免出现高低落差。
2. 地面用材应防滑、防摔。
3. 在生活空间内设置扶手。
4. 门洞及走廊的宽度应便于轮椅及救护担架通行。
5. 厕所及浴房应预留护理的空间。
6. 门窗开扇应开闭方便，且考虑安全。

3 通风采光 3-6 舍弃老旧格局，要阳光也要淋浴房

房屋信息		
	■ 建筑面积：75 m^2	■ 居住成员：父母、孩子
	■ 原始格局：2 室 2 厅	■ 改造后格局：2 室 2 厅、衣帽间

这是一处老宅，具有 20 世纪八九十年代住房的通病：客厅处在房屋中心，不但面积狭小，采光与通风都需要借助两侧房间的窗户，直接导致厅堂光线昏暗，通风不畅。厨房为一条狭长的线形，堵塞了整面的北窗。卫生间的通风与采光，也需要借助厨房来实现，有时不免让人尴尬。南向的两个卧室空间相对过大，导致房间面积分配不平衡。

改造前

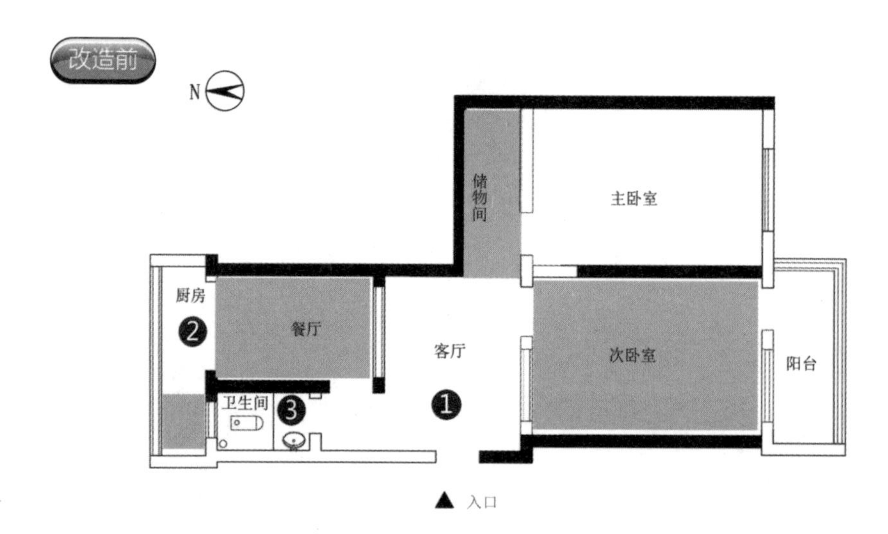

设计师调整空间

◆屋主需求

❶ 客厅要明亮。

❷ 空间充分利用。

❸ 卫生间增加淋浴区。

◆设计师意见

❶ 客厅采光、通风不理想。

❷ 厨房狭长，格局不合理。

❸ 卫生间的通风、散气，需要借道厨房，不合理。

改造方案 A：格局南北通透，宝宝也有了专属游戏区。

本方案大刀阔斧地将厨房与客厅打通，让来自室外的自然光与清风可以毫无保留地倾泻到原本昏暗、闭塞的客厅。客厅、厨房之间宽大的中岛台，成为客厅的主角，它不但是家人一日三餐的餐桌，还是家人日常活动的场所。把位置最佳的南阳台设置为木地台，让孩子在此尽情玩耍。狭小的卫生间合并原厨房局部面积，拥有了对外的窗口，通风、采光再也不用借道别人的地盘，好不惬意。

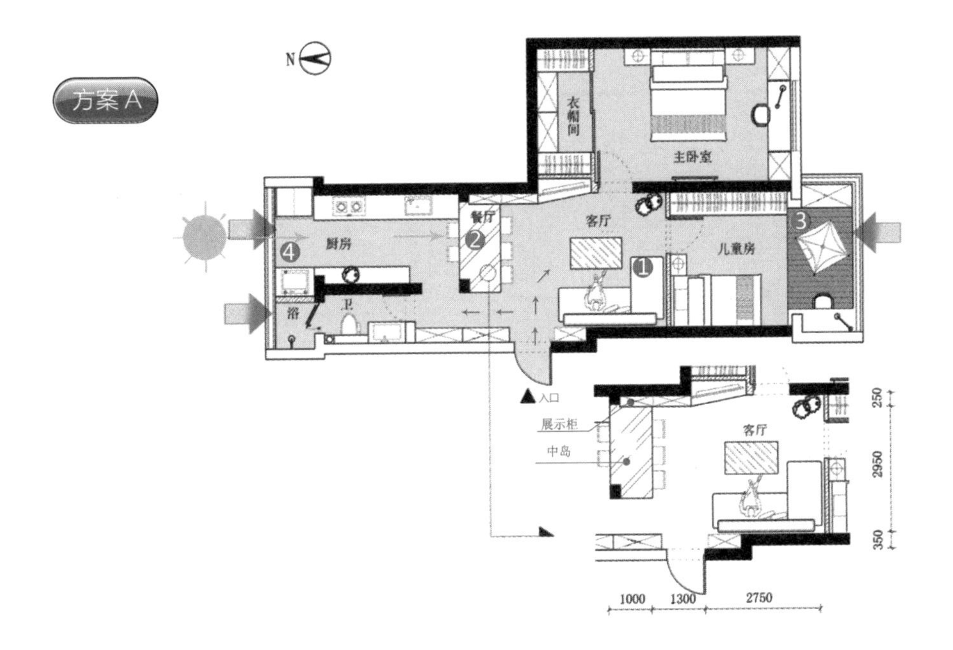

◆设计说明

❶ 南次卧室面积借出一部分并入客厅，增大了客厅空间。

❷ 客厅和餐厅间的窗户打掉，提升了客厅的采光度。

❸ 原南阳台与房间打通，做成木地台，成了孩子的游戏天地。

❹ 厨房局部改造为洗衣房，设置了洗衣机、烘干机。

改造方案 B：圆弧餐桌、休闲吧台，原有的老破旧小一扫光。

拆掉原客厅与餐厅之间的窗台，将两个空间贯通，并增设吧台，既增加客厅的采光度，又增加了日常家庭生活的趣味性。把厨房和餐厅空间整合为一，在其中设计了与操作台连续贯通的弧形餐桌，使就餐空间拥有了灵动性。把南阳台空间拆解，重新划分，在有限空间中，分别划分出学习空间和洗衣房。

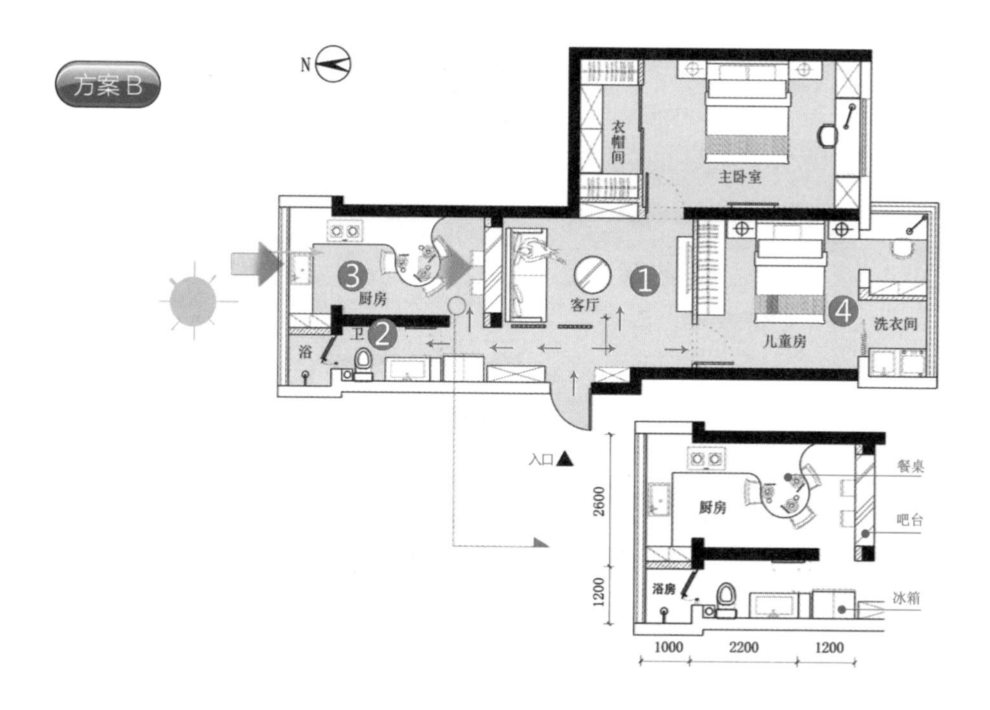

◆设计说明

❶ 客厅扩容，采光与通风得以改善。

❷ 卫生间增设洗浴空间，改善其通风。

❸ 打造开放式厨房。

❹ 充分利用阳台空间，打造学习区、洗衣区。

方案 A、B 都将部分厨房区域并入卫生间，让家庭拥有了独立的淋浴房。方案 A 在餐厅、客厅之间设计了中岛。方案 B 在餐厅、客厅之间设计吧台，南阳台分隔为学习区和洗衣区。

◆细节展示

1 拆除客、餐厅之间的内窗

把南次卧室收缩，增加客厅面积，并与餐厅间窗户打通，设立吧台，把餐厅的自然光充分引入客厅。

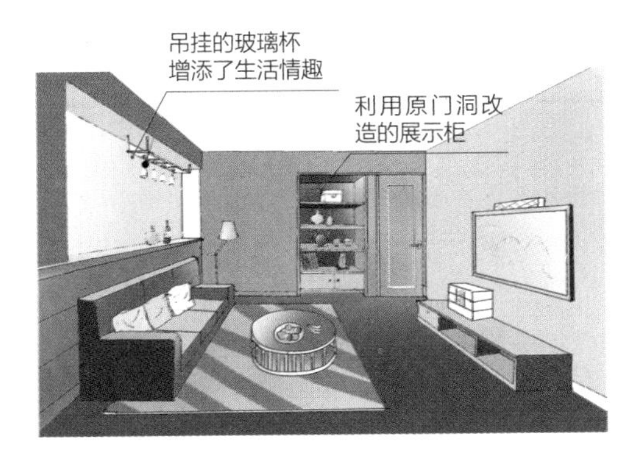

2 卫生间功能提升

把北阳台局部并入卫生间，改造为淋浴区，卫生间拥有了直接对外的窗口，改善了卫生间的采光和通风，使用时再也不用借道厨房了。

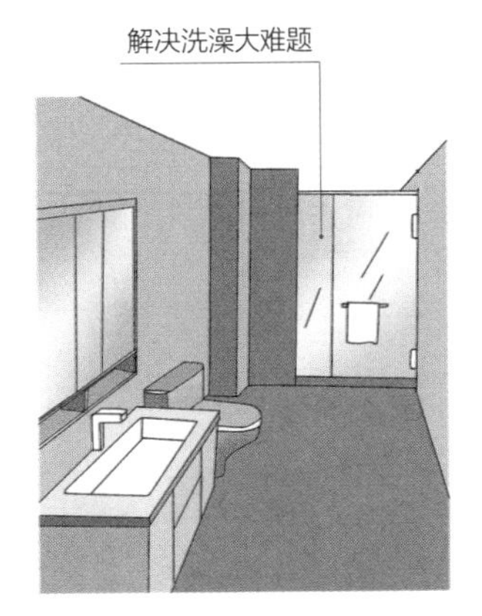

3 设计圆弧形的餐区

将操作台面进行延展，和弧形餐桌巧妙地融合在一起。把原厨房和门厅之间的窗户拆掉，打造出一个吧台，主人可以在吧台上喝着饮品与客厅里的亲友进行交流或观看电视节目。

4 南阳台分隔为学习与洗衣区

拆除掉南阳台与次卧室的隔墙，将其分隔为学习区和洗衣区，充分利用。

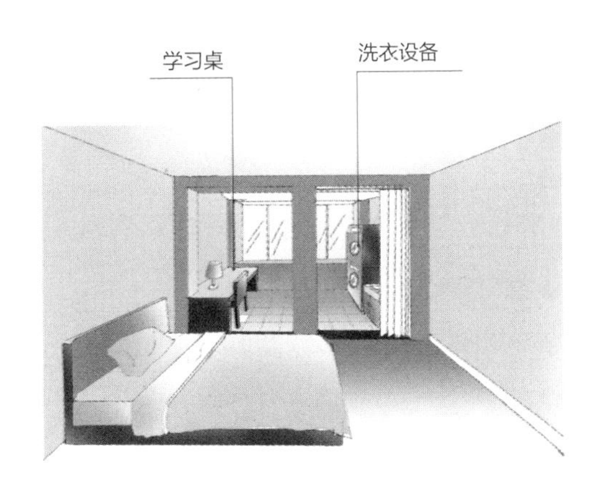

3-7 韩国夫妻的中国家，也是儿女的度假地

房屋信息

■ 建筑面积：280 m²
■ 原始格局：5 室 2 厅
■ 居住成员：父母、两个孩子
■ 改造后格局：4 室 2 厅

屋主是在中国经商的韩国人，平时房屋主要是他和妻子居住。只有在假期里，上学的一对儿女才从韩国飞来在此团聚。他对新居的设想是：空间开阔、动线流畅，功能分区合理。

原房屋的餐厨区域空间闭塞，不符合主人生活习惯。楼梯后面与厨房相连的房间过于闭塞偏远，也不好利用。

改造前

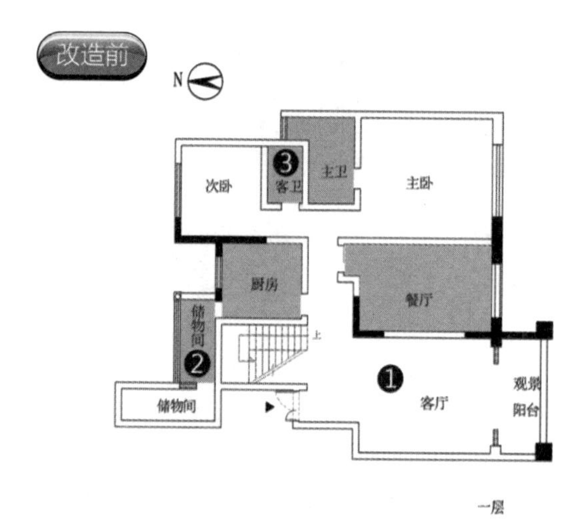

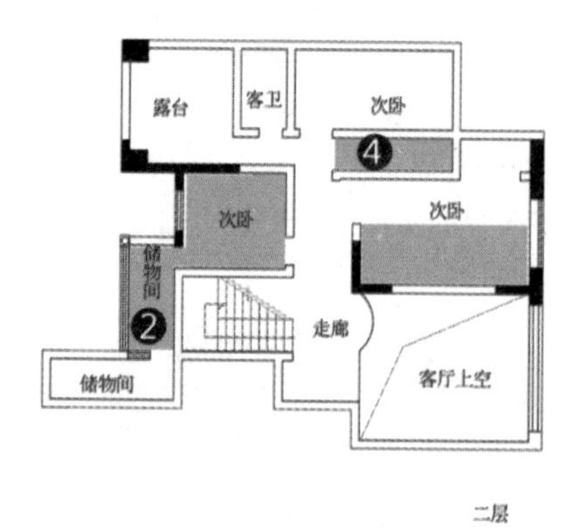

设计师调整空间

◆屋主需求

❶ 空间通透、动线流畅。

❷ 厨卫面积要宽敞，使用方便。

❸ 女儿需要一间琴房。

◆设计师意见

❶ 客厅与餐厅不贯通。

❷ 楼梯后的空间利用率低。

❸ 客卫狭小。

❹ 二层储物间是个鸡肋区域。

改造方案 A：主卧室与书房形成套间，学习区与客厅区隔窗相望。

把楼梯间与隔壁的厨房空间进行对调，并打造更符合韩国人饮食习惯的开敞厨房，客餐厅空间豁然开朗，视线、光线、清风通畅无阻，原来躲在楼梯后的零碎闭塞小空间，也得到了充分利用。主卧室与书房打通，安置折叠门，形成套房。而书房与客厅之间也在隔墙上开窗，使整个一层的空间都贯通流畅起来，坐在客厅里，再也没有了坐井观天的感觉。把一层东北的房间拆改，一部分并入客卫以扩大其使用面积，另一部分改造为家庭储藏间，确保足够的收纳空间。

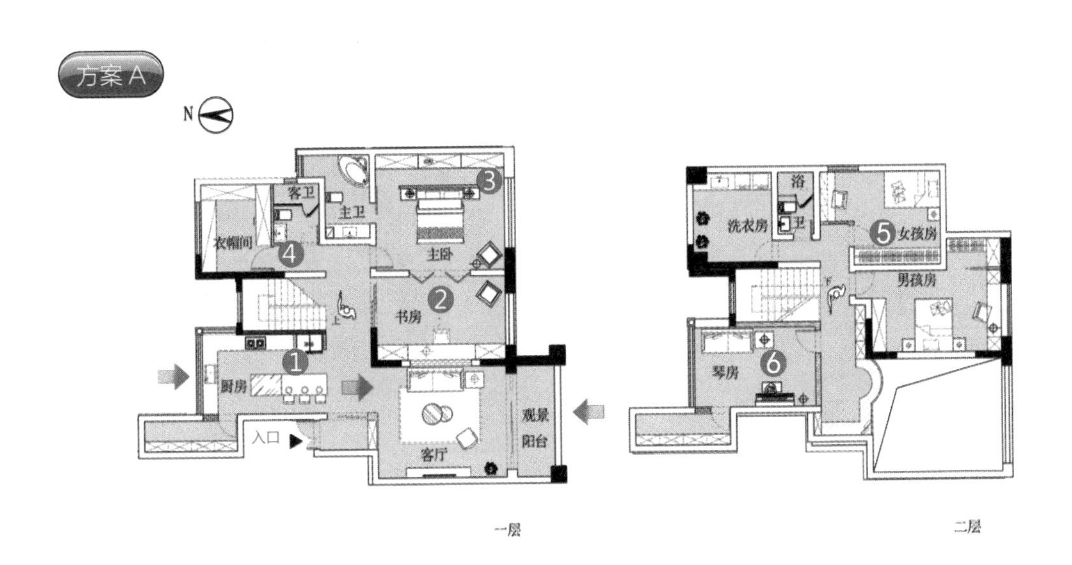

◆设计说明

❶ 楼梯间与厨房空间对调，客餐厅连为一体。

❷ 书房与主卧室贯通，使用更方便；与客厅通过窗洞连接，视线更畅通。

❸ 主卧室打造衣帽间。

❹ 压缩一层东北卧室面积，改造为独立衣帽间。

❺ 小储物间改造为衣柜并入女孩房。

❻ 改造后的新琴房，面积宽敞。

改造方案 B：一层两卫整合，功能大调整。

将一层的两个卫生间及北卧室彻底打通，作为一个整体考虑。主卧室、独立衣帽间、四分离的卫生间、洗衣间，一气呵成形成环线，原来闭塞、局促、小家气一扫而空，无论睡眠、储物、家务都便捷轻松。主卧室与客厅之间的房间改造为餐厅，并拆除隔墙，与空间融为一体，真正显示出复式大宅的气魄。对二层的女孩房及男孩房分别进行空间整合，都配置了独立的步入式衣帽间，孩子的衣物再多也不怕。

方案 B

一层

二层

◆设计说明

❶ 改造后的厨房使用更加方便。

❷ 餐厅与客厅贯通，空间宽敞，动线流畅。

❸ 客卫与主卫整合。主卧室打造出独立衣帽间，并与洗浴空间形成流畅动线。

❹ 二层的两间儿童房间分别拥有了独立衣帽间。

❺ 在琴房与客厅挑空空间开设窗口，视觉更丰富。

方案 A、B 都将厨房与楼梯间位置进行了互换。方案 A 将主卧室与相邻书房打通，改造为套间。方案 B 将一层的两卫进行了整合重组，功能大增。

◆细节展示

1 厨房与楼梯间位置互换

厨房与楼梯间位置对调后，面积增加，使用更方便。

2 客餐厅空间融合，起居更便利

餐厅与客厅隔墙拆除，空间贯通，动线流畅，彰显大宅气质。

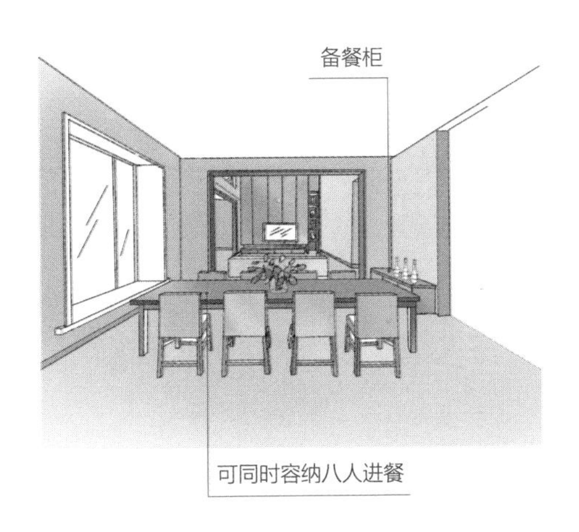

3 主卫改造为独立衣帽间

将主卫改造为独立衣帽间，内设梳妆台、挂衣柜、中岛台，功能齐全。

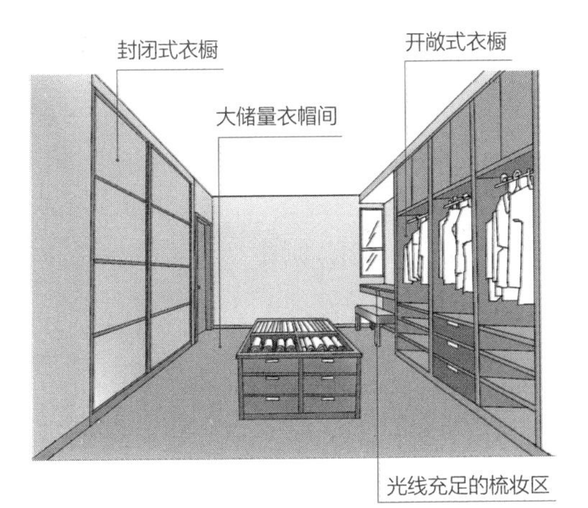

4 儿童房都配备了衣帽间

二层的空间整合，两个孩子房都配备了独立衣帽间，收纳能力极大增强。

4

动线规划

合理的动线布局，能让家务劳动事半功倍

平面布局决定动线，而好的动线能极大提高空间利用率。

动线，是建筑与室内设计的用语之一。意指人在室内、室外移动的点，连接起来成为的线，也可以理解为人们在家里活动的轨迹。合理的动线布局，能够让生活起居、家务劳动事半功倍，主人生活更舒适。

很多家庭装修很上档次，应该具备的功能很齐全，空间也宽敞，但屋主住进去就是感觉不舒服，总觉得家里乱糟糟，做起事来不顺畅，这种情况有可能就是家庭的动线没有规划好导致的。举个最常见的例子，平时在家中下个厨，像打了一场仗一样。明明只做几个家常小菜，因为来来回回跑，在厨房里忙活了差不多几个小时，并且整个空间一片狼藉，到处油乎乎、湿漉漉，感觉下厨好心累，这就是典型的厨房动线没有规划好。

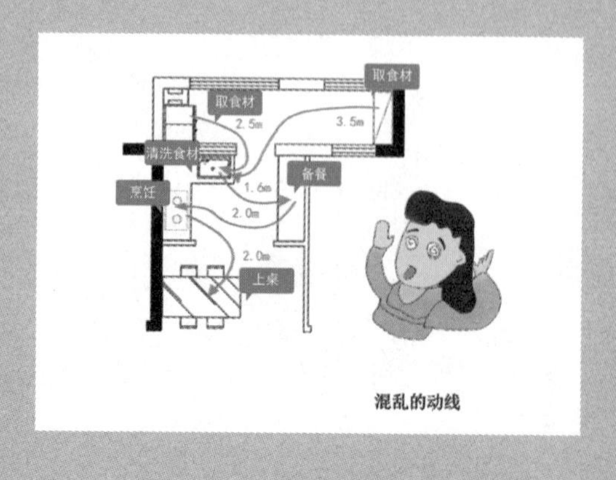

混乱的动线

小贴士

动线布局常见问题：①访客动线干扰静区；②动线长而乱；③多条动线交叉干扰；④不符合家人生活方式。

动线按空间可分为主动线和次动线。主动线联系的是所有的功能区，包括从餐厅到厨房、从大门到客厅、从客厅到卧室走过的路径之间的关系，也就是人们在住宅里日常起居常走的路线。次动线则是各功能区中的活动路线，包括客厅、厨房、卧室、卫生间等。通常我们习惯按使用性质划分动线，将其划分为访客动线、居住动线、家务动线三类。

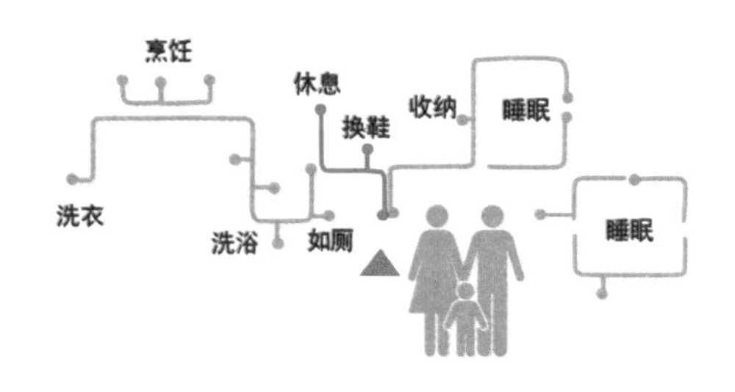

动线示意

访客动线

访客动线是指客人来家中做客时活动的路线。我们把家庭的客餐厅、厨房、公卫等活动频繁的区间称为“动区”（公共活动区），而把卧室、书房、主卫等家人休息、学习的区域称为“静区”（生活区）。访客活动主要涉及客厅、餐厅、卫生间等公共区域，要尽量避免与家庭静区相交影响到家人学习或休息。有的家庭共用卫生间设置在家庭的静区，如果客人去使用，需要深入静区，势必会打扰家人正常活动，让主客都感到不便，这就说明居室的分区及动线设计不合理。

居住动线

居住动线就是家人日常起居的线路。主要分为家人回家动线、休息学习动线、就餐休闲动线、洗浴动线。回家动线主要涉及入户、玄关、卫生间、厨房、客厅。休息学习动线主要涉及卧室、书房、阳台、客厅。

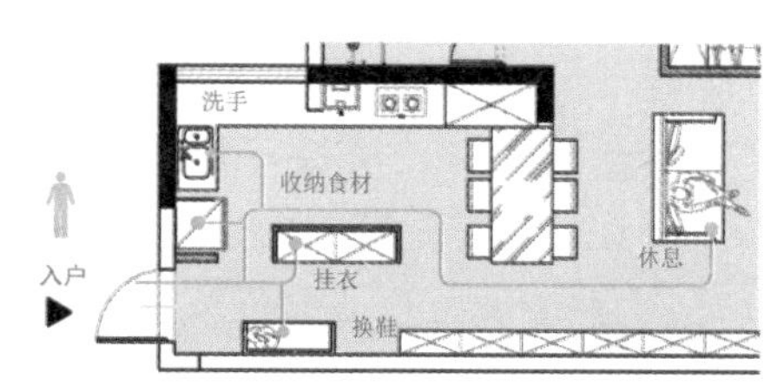

回家动线

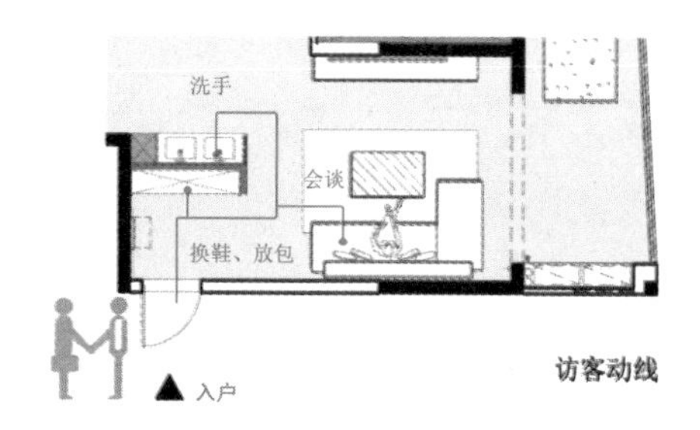

访客动线

就餐休闲动线主要涉及厨房、餐厅。洗浴动线主要涉及卧室、卫生间、洗衣间。有的家庭购物归来，提着水产品绕过大半个房间才能到厨房进行处置，弄得整个客厅地面都湿漉漉的，这就说明入户动线规划不合理。

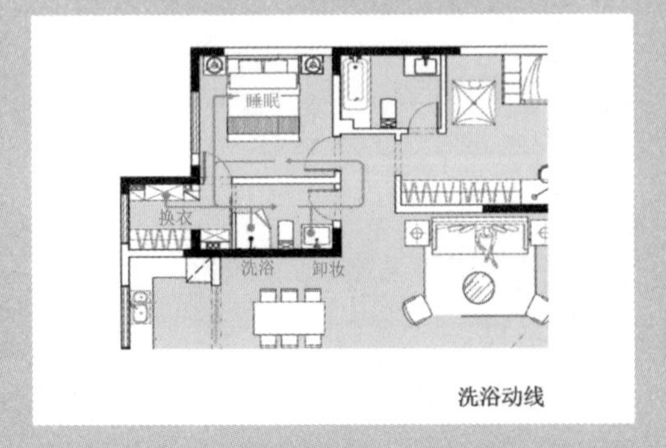

洗浴动线

家务动线

家务动线包含了烹饪、洗刷、洗衣、晾晒、收纳、卫生打扫等一系列的家务劳动，算是动线布局中最烦琐的动线。它的主战场集中在厨房、餐厅、浴室、阳台、家务间、卧室：例如一日三餐的烹制、餐后的洗刷；全家人的衣物被褥的清洗、晾晒、熨烫、收纳；厨房抽油烟机、炊具、卫生间马桶、浴房的擦拭清洗等。烦琐的家务仿佛永远没有尽头，如果家务动线规划科学合理，可以提高劳动效率、减轻劳动强度，提高生活的幸福指数。反之每项家务都浪费几步，日积月累，一生浪费的时间、体力叠加起来会非常惊人。

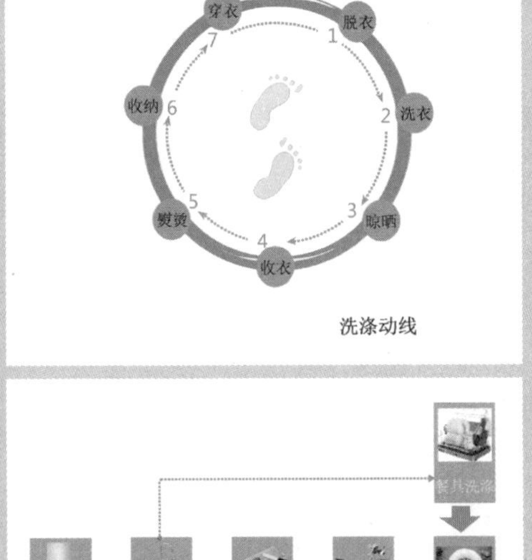

洗涤动线

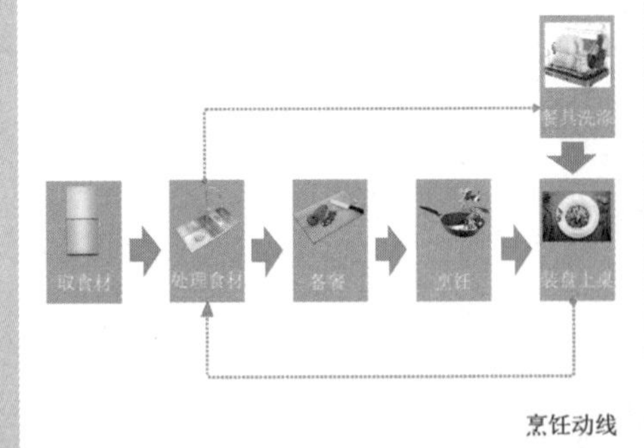

烹饪动线

怎样规划出科学、合理的动线布局呢？它需要遵循这样的原则：

1. 路线越短效率越高；

2. 科学、便捷、通畅；

3. 多条动线之间少交叉，避免相互干扰、保证生活私密性。

关于洄游动线

日本著名建筑师增田奏在其所著的《住宅设计解剖书》中阐述了树状动线与网状动线两个概念。自然界中猴子爬树，通过树枝进行移动，走到树枝的终点需要折返，路径只有一条，这就是树状动线。蜘蛛织网，只要沿着丝线移动就可以到达全网的任意一个位置，即使丝线断了一根也没关系，这就是网状动线，也是我们经常提及的洄游动线。

洄游动线具有如下几个优点：

1. 缩短了交通路线，在劳动时减少了绕行的时间和劳动量；

2. 扩大了空间感；

3. 加强了家庭成员间的交流；

4. 有利于通风。

空间洄游动线设计，是改变空间单调感，增添空间灵动性与实用性的好方法，能很大程度提升生活品质。

树状动线

网状动线

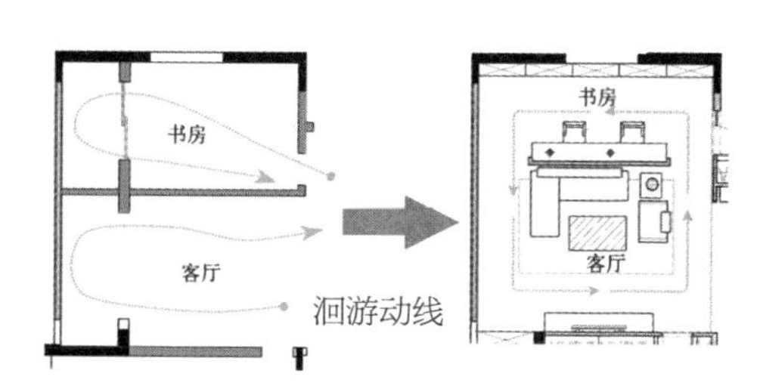

家中采光、通风最佳的位置被分隔的阳台所占据，动线规划也不通畅。

组织出环形洄游生活动线，家人们尽情享受大自然恩赐的阳光、清风。家中的两个宝宝奔跑、玩耍更方便。

4-1 格局调整，让老人幸福安康

房屋信息		
	■ 建筑面积：150 m^2	■ 居住成员：祖父母、父母、女儿
	■ 原始格局：4 室 2 厅、双阳台	■ 改造后格局：4 室 2 厅、洗衣间

面积为 150 ㎡的大房子，却因面积分配不平衡生活起来并不舒适。与生活息息相关的厨房与卫生间都比较狭小，使用不便，尤其是客卫，连淋浴房都没地方安置。北阳台的设置，也感觉是一个鸡肋，格局更显琐碎。除去主卧室面积宽敞，有充足的收纳空间外，剩余房间储藏、收纳空间明显不足，不能很好满足家人的需求。三代同堂的家庭结构，在设计时也需要照顾到长辈的生活习惯。

改造前

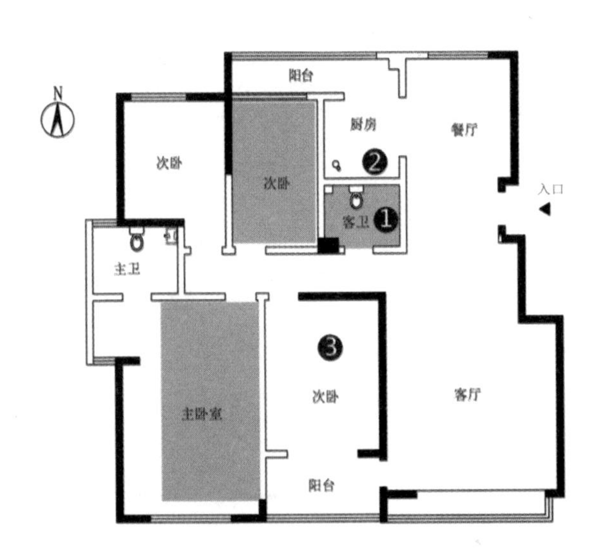

设计师调整空间

◆屋主需求

❶ 需要考虑三代人居住的便捷性。

❷ 客卫缺乏洗浴空间。

◆设计师意见

❶ 公卫空间狭小。

❷ 厨房格局狭小局促。

❸ 主卧室以外的其他房间面积局促，缺乏收纳空间。

改造方案 A：拆解鸡肋北阳台，扩大厨房与书房的空间。

北阳台用处不大，直接将其拆解：一部分并入厨房，扩大了厨房操作面积；另一部分并入书房。客卫面积狭小，借用书房部分面积，改造为淋浴房，解决了家人的洗浴问题。将主卧室与老人房之间的隔墙移位，将主卧室部分面积留给老人房打造衣柜，解决了老人房的收纳难题。将老人房与南阳台连接的窗户改为推拉门，使其拥有环形动线，便于老人出入及在阳台上进行适量运动，有利于其身心健康。

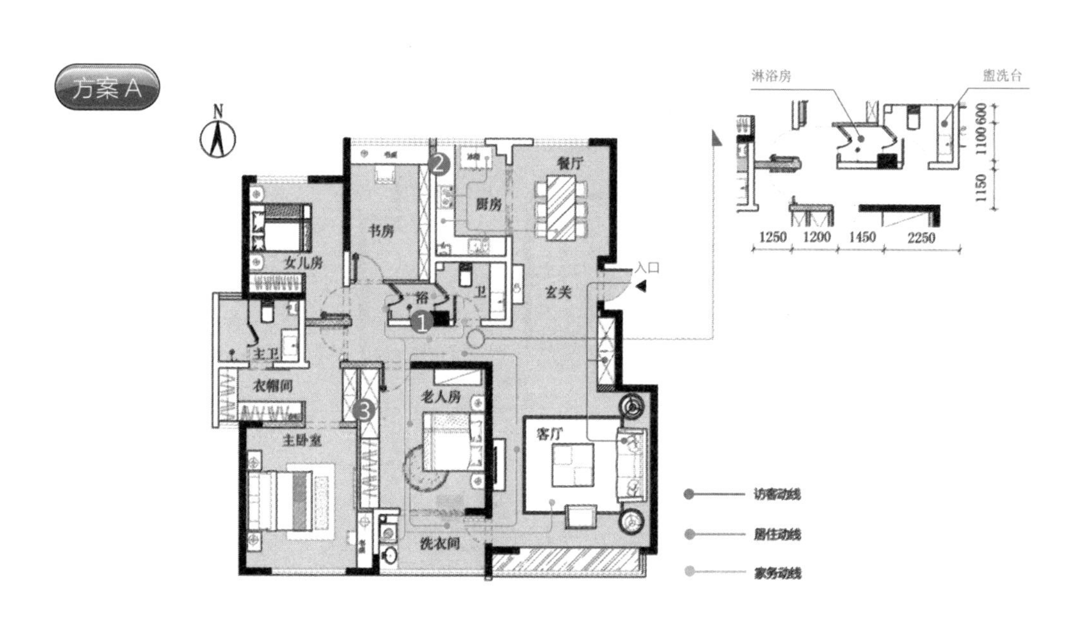

◆设计说明

❶ 将书房局部面积并入客卫，增设浴房。

❷ 北阳台拆解，局部并入厨房，扩大厨房操作面积，一日三餐更方便。

❸ 将老人房与主卧室之间的隔墙向西偏移，利用腾出的空间打造储纳柜。

改造方案 B：环形交通动线，让老人日常活动更方便。

既然客卫空间紧张，那就将其盥洗区外移，形成干湿分离的格局。在玄关处增设独立存在的玄关柜，并与餐厅、客厅、入户口形成环形洄游动线，方便家人出入之时的收纳取物，也遮挡了外移出的盥洗盆。厨房与餐厅打通，一体化设计更加开阔。南阳台改造为洗衣间，主卧室与老人房都与之联通，洗浴、换衣收纳、洗衣，形成环形家务动线。

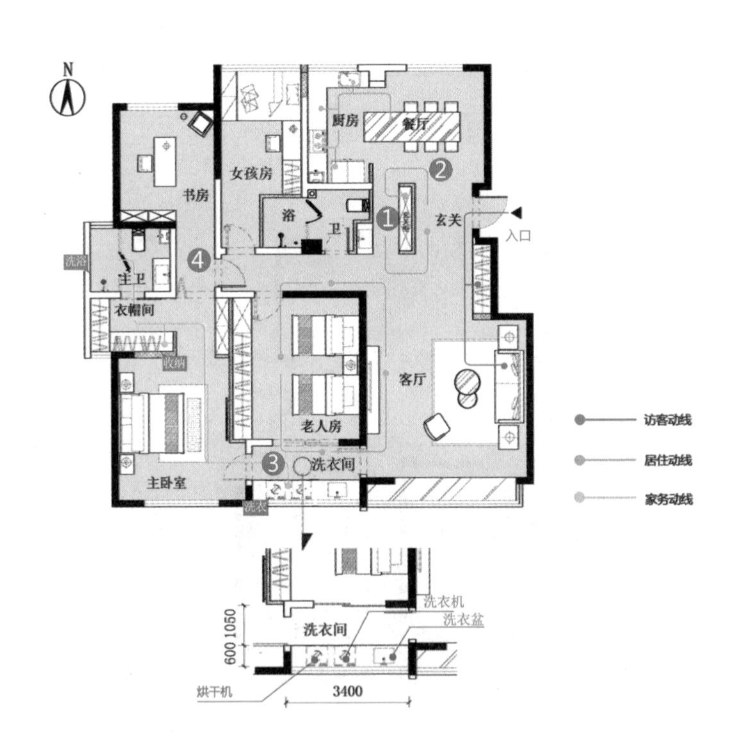

◆设计说明

❶ 设计具备洄游动线的玄关区。

❷ 厨房扩容，与餐厅打通，空间更开阔。

❸ 南阳台设计为洗衣间，与主卧室和老人房形成环形的家务动线。

❹ 北卧室调整为书房，与主卧室贯通，使用更方便。

◤方案 A、B 都对客卫扩容，增加了独立淋浴房。方案 A 将老人房设计为环线交通。方案 B 进一步升级，将主卧室、洗衣间的交通动线也改造为环线。◥

◆细节展示

1 盥洗区与玄关柜形成围合

洗手盆外移，形成干湿分离格局。玄关柜与盥洗台形成半独立的围合空间。入户后，转到此空间储纳杂物或鞋帽衣物更方便。

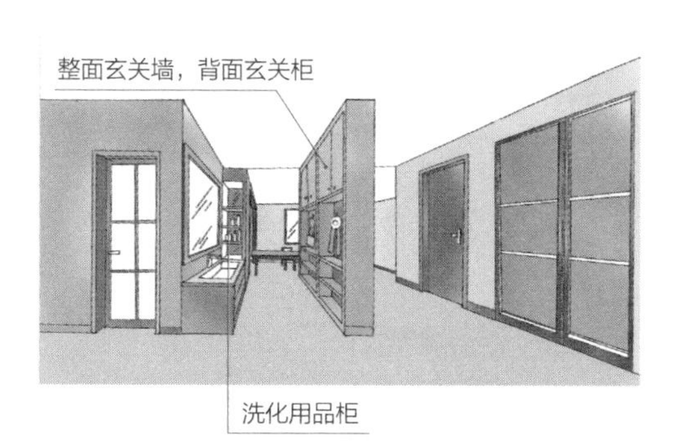

2 处在交通枢纽上的洗衣间

在落地窗前设计操作台，依次安置洗衣盆、洗衣机、烘干机。洗衣间处于家中的交通枢纽上，使用起来更便利、开阔，也更加符合现代人的生活习惯。

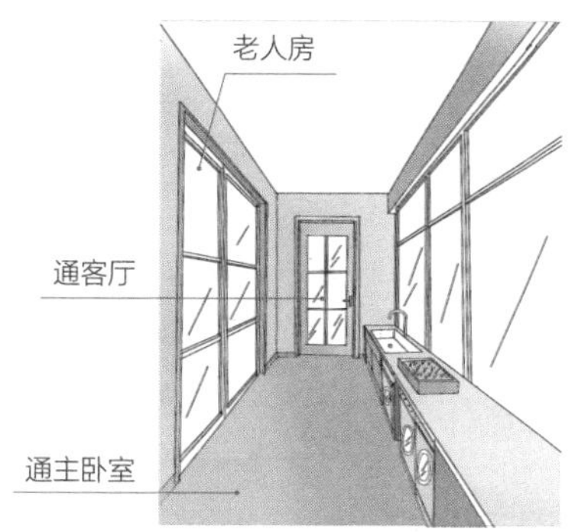

3 厨房开放设计

厨房并入部分北阳台面积进行扩容，并将水槽安排在窗前，洗菜时还可举目远眺，心情更舒畅。餐桌岛台一体化设计，既方便家人用餐，也可以用作厨房烹饪备餐台。

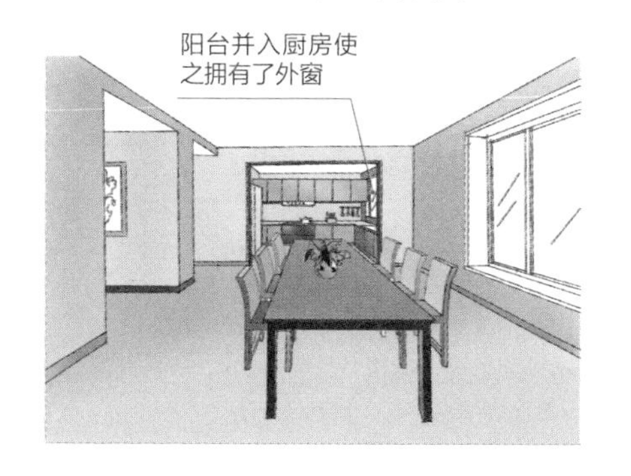

4 主卧室与书房形成套间

将北卧室设计为书房，与主卧室贯通。睡眠、储纳、洗浴、学习自成一体，形成套房格局。

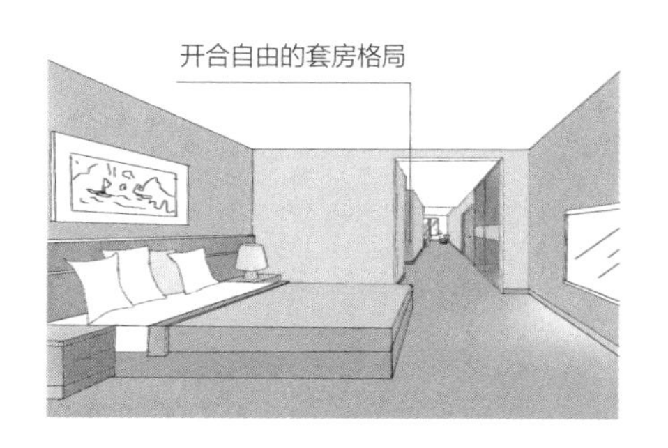

4 动线规划 4-2 提高利用率，三室变四室

房屋信息

■ 建筑面积：150 m²

■ 原始格局：3 室 2 厅

■ 居住成员：祖父母、父母、孩子

■ 改造后格局：4 室 2 厅

这间 3 室 2 厅格局的住宅，在一些小细节上存在值得商榷的点。入户门洞大开，存在一个交通混乱的过渡区。主卧室门正对主卫门，使人心生不悦，而西卧室入门不仅让动线不畅，还有抬头会碰到墙垛的问题。用一句话来概括这个房型，就是整体布局不严谨。这些不足直接影响到屋主的生活品质，需要设计师逐一进行调整。

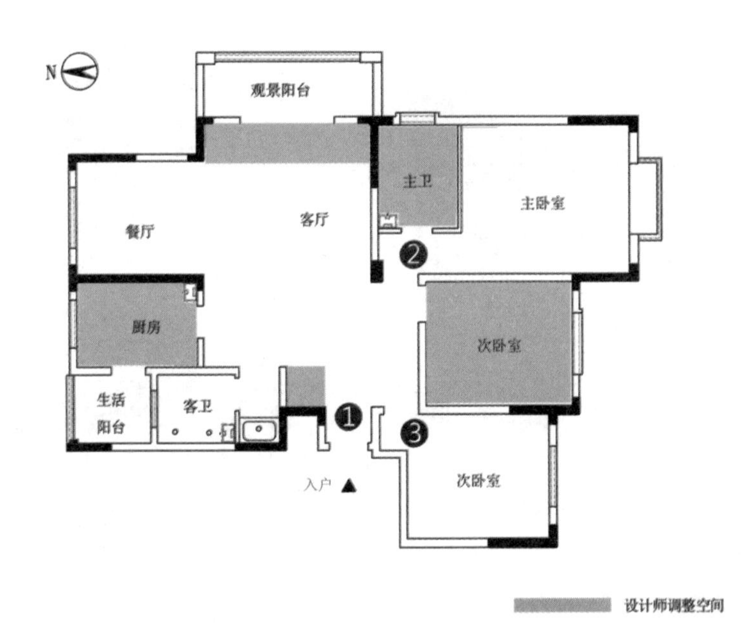

◆屋主需求

❶ 充分利用空间，最好能有一个独立的书房。

❷ 空间棱角太多，需要柔化处理。

◆设计师意见

❶ 入户缺乏过渡区域及收纳空间。

❷ 主卧室门与主卫门相对，空气、景观都不好。

❸ 西卧室动线不通畅。

改造方案 A：充分利用空间，原餐厅改造为儿童房。

入户设置玄关隔断，打造一个完整过渡区，同时还考虑到了出入、收纳的需求，设置专用的收纳柜。居中的卧室整体向后缩，并改造为书房与主卧室进行贯通，形成套房。 利用中间卧室后缩腾出的空间，改造为老人房的交通过道，解决了老人房动线不畅、缺少收纳空间的问题。原餐厅空间改造为儿童房。这样调整后，3 室结构轻松变为 4 室。

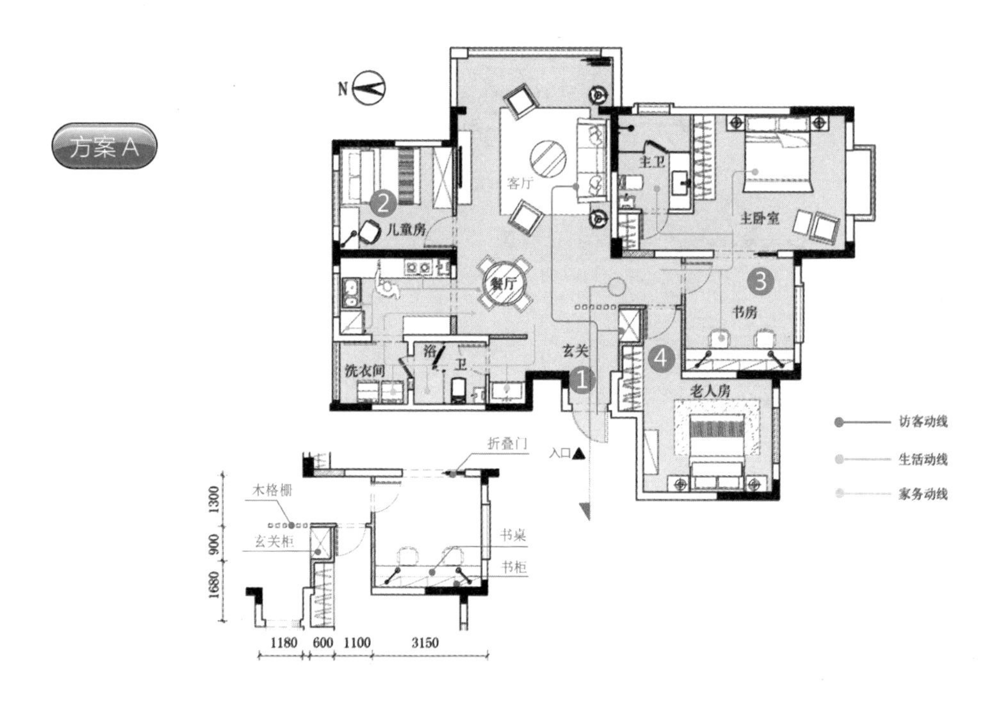

◆设计说明

❶ 入户区域设置玄关隔断，侧边打造鞋帽柜。

❷ 原餐厅区域进行封闭，改造为孩子的房间。

❸ 主卧室与隔壁卧室进行空间整合，形成套房。

❹ 新书房墙体后移，让老人房交通动线流畅。

改造方案 B：改动三扇门，布局变合理、动线也流畅。

方案 B 与方案 A 相比，在主卧室设置了 L 形衣帽间，借此改变主卫门的朝向，同时又增加了房间的收纳，一举两得。原餐厅区打造为书房，利用镂空的书架与客厅区域分割，既保持相对的独立性，又不影响大空间的流畅，成为了家中学习、休闲的核心区，满足了家人在此学习、看书的需求。把北侧小阳台设为家务间，并让其与卫生间打通，形成“洗浴—洗衣—休息”的环形动线。

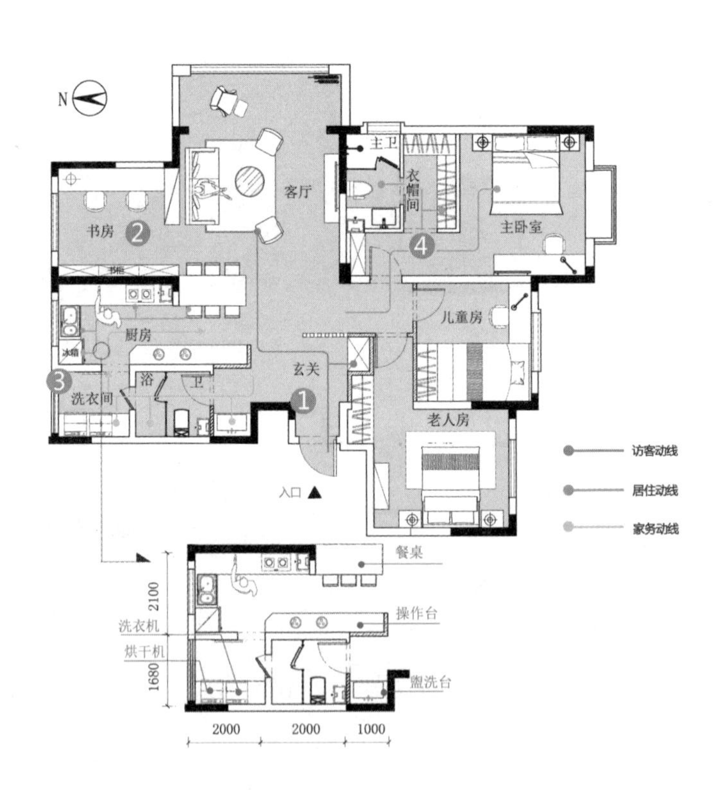

◆设计说明

❶ 设置完整的玄关过渡区。

❷ 原餐区设计为半封闭的学习区，通过镂空书架与客厅相连。

❸ 家务间分别与卫生间、厨房相贯通，形成环线交通。

❹ 主卧室分隔出步入式衣帽间。

◤两个方案都利用格栅屏风，划分出玄关过渡区。方案 A 将原餐厅区设计为儿童房，南中卧室改为书房。方案 B 将原餐区改造为半独立的书房。◢

◆细节展示

1 利用木格栅营造入户过渡区域

空间利用木格栅进行围合，隔而不断，既保持空间的通透性，又使视线自然转移。同时在其侧面打造玄关柜，入户收纳得以轻松解决。

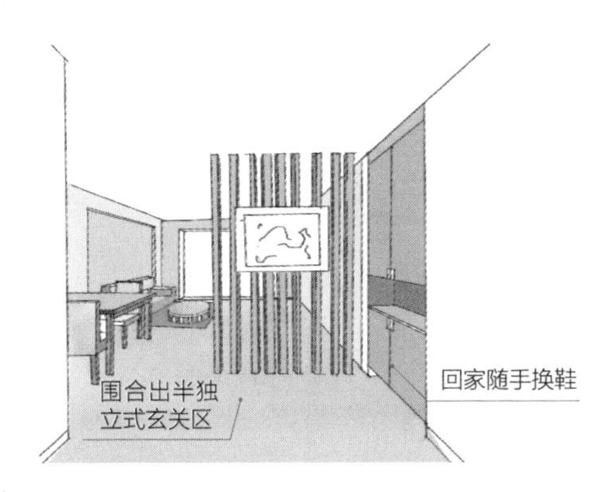

2 书房与客厅通过镂空书柜相隔

原餐区改造为半独立的学习区域，通过镂空书架和客厅相通，既保持了相对的独立性，又延续了空间的通透感，此处也成为家庭的另一个核心区。

3 家务间与厨卫形成环形动线

北阳台改造为家务间，在此安排洗衣机、烘干机，并与卫生间及厨房分别相通，形成环形的家务洗衣区。

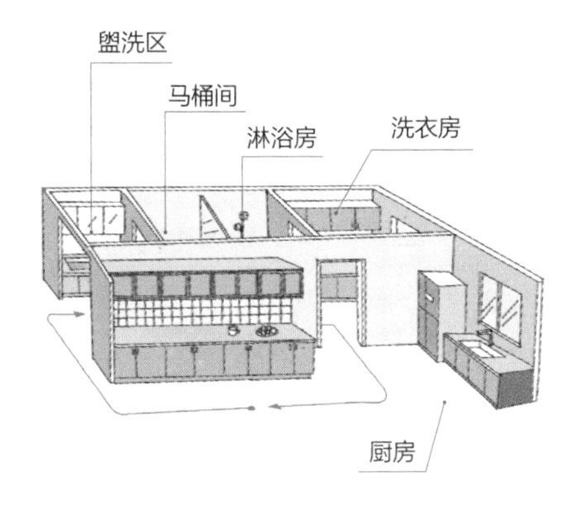

4 嵌入式衣帽间满足收纳需求

充分利用主卧室空间，打造了步入式的衣帽间，收纳难题得以解决，并把主卫的入门改动位置，避免了卧室与卫生间门对门的窘境。

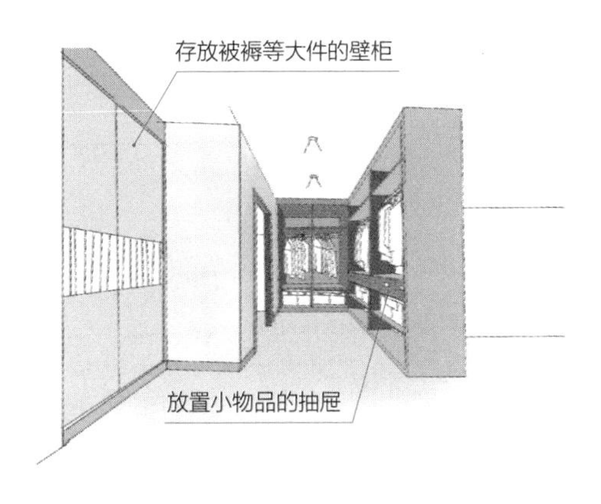

4-3 设置共享衣帽间，和孩子共同成长的空间

房屋信息		
	■ 建筑面积：100 m^2	■ 居住成员：父母、孩子
	■ 原始格局：3 室 2 厅、入户花园	■ 改造后格局：3 室 2 厅、衣帽间

紧凑的小三室，每个卧房都很局促，储物存在困难。孩子年幼，父母希望在空间布局中充分考虑到他的安全问题，给他创造出健康成长的环境。屋主家有许多藏书，需要给藏书设计出容身之所。明确客厅不需要电视机，喜欢空间通透的感觉，能接受敞开式的厨房。

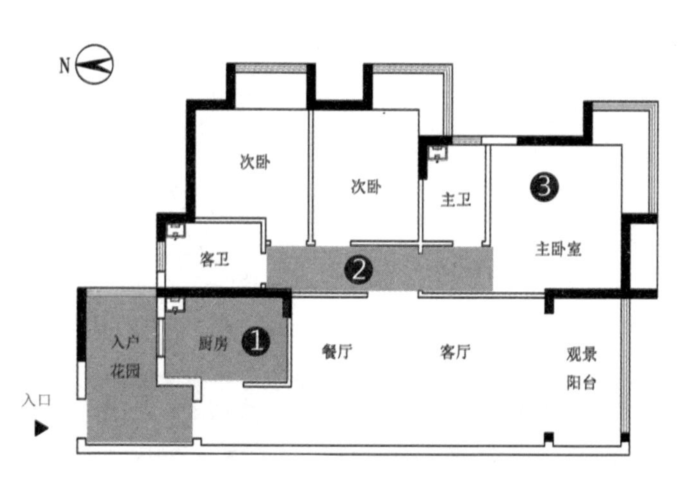

设计师调整空间

◆屋主需求

❶ 主要考虑年幼孩子的安全问题。

❷ 客厅不需要电视机。

❸ 家中有大量藏书需要收纳。

◆设计师意见

❶ 厨房狭小，使用不便。

❷ 客卫与主卧室门相对，需要调整。

❸ 主卧室局促，收纳空间不足。

改造方案 A：利用过道空间，设计出共享衣帽间。

将入户花园与厨房空间整合，使其使用起来更加方便。改变出入卧室的交通动线，将原来狭长的走廊打造为连接主卧室与儿童房的共享衣帽间，既满足家庭的衣物收纳需求，又方便父母及时照看年幼的孩子。当孩子逐渐长大后，可以将衣帽间的移门封闭，使衣帽间一分为二，分别并入各自房间，主卧室与儿童房恢复为两个独立的空间。因为客厅不用考虑电视机的位置，所以把一面墙都打造成书柜，以方便主人藏书的摆放。

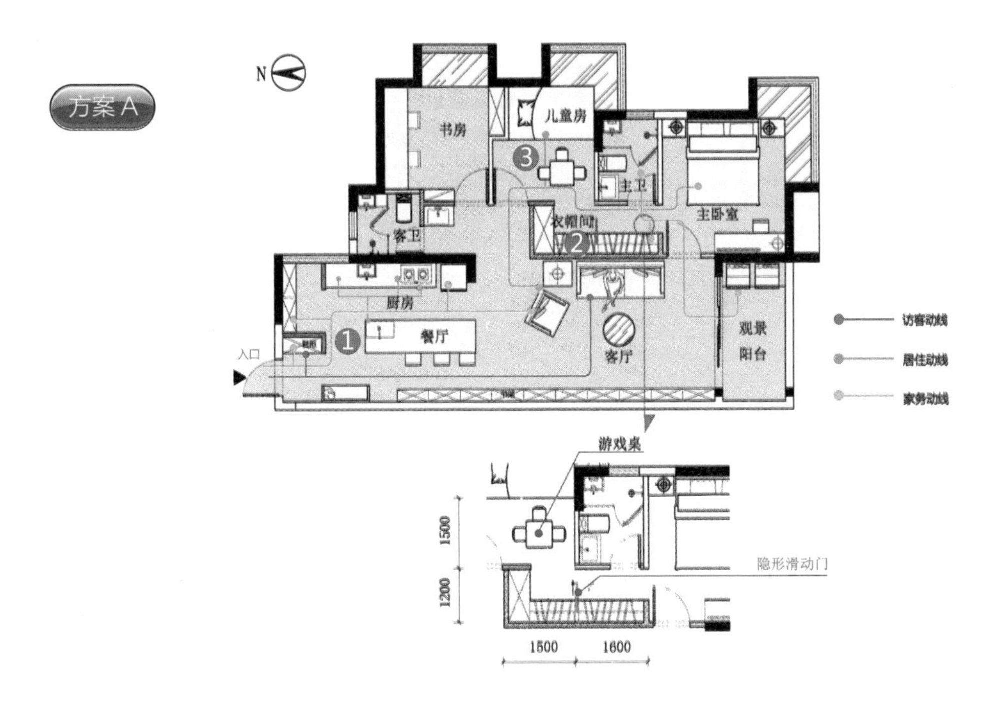

◆设计说明

❶ 入户花园与厨房空间打通，并在其中分隔了一个半独立的食品储藏区。

❷ 利用原卧室之间的过道空间，改造成一个可让主卧室与儿童房共享的衣帽间。

❸ 为了充分利用儿童房的空间，设计榻榻米床。

改造方案 B：回家双动线，出入更便捷。

利用玄关衣帽柜的设置，打造入户交通双动线。客人来访时，通过玄关区直接到达沙发区，而主人外出归来进入厨房收纳处置食材，然后从容来到沙发区休息。两条动线设置自然，互不干扰。客厅沙发不再像传统围着茶几面向电视墙那样摆放布局，而是采用南北相对布置的形式，空间更显轻松活泼。中间的卧室改作书房，两侧分别连接儿童房与主卧室，这样的设计把整个家庭区分成两个相对独立的区域。客餐厅为公共活动的动区，而两卧室及书房为休息学习的静区，互不干扰，生活更放松。

方案 B

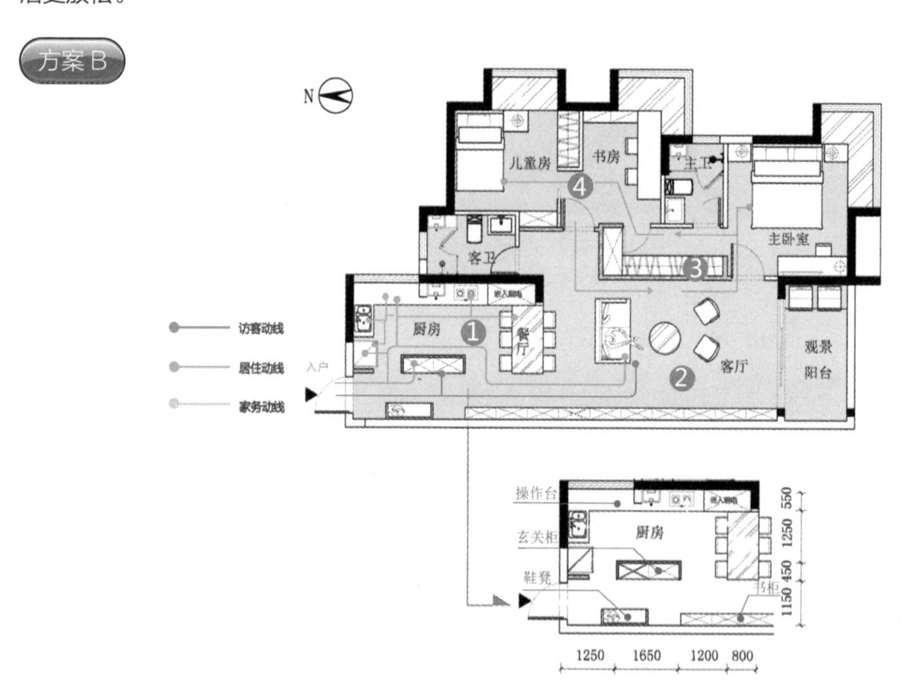

◆设计说明

❶ 将玄关区与厨房结合考虑，打造屋主专属的回家动线。

❷ 客厅家具南北摆放，视线更开阔。

❸ 利用走廊改造的衣帽间，贯通主卧室与书房、儿童房。

❹ 书房两端方便连接儿童房与主卧室，形成共享空间。

两个方案都改动格局，将原来的走廊充分利用，打造出共享衣帽间。方案 B 利用玄关柜设计出了入户双动线交通，书房两端分别连接两间卧室，也成为了家庭的活动中心。

◆细节展示

1 入户双动线设计

将入户花园拆分，融入玄关、厨房，增大有效空间。在动线规划上，分为访客动线和家人生活动线，使用起来更方便。

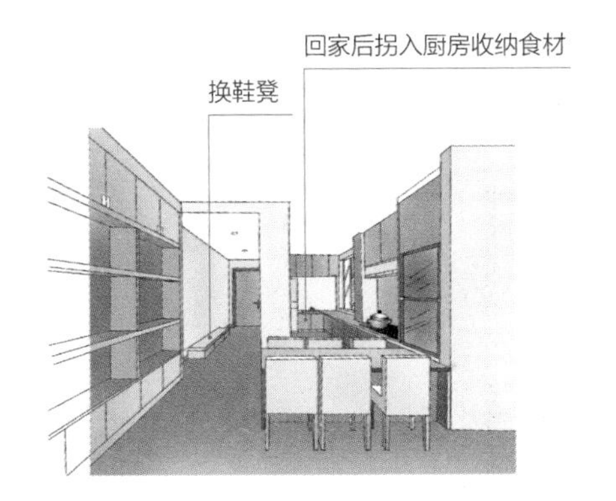

2 客厅布局形式灵活

客厅不再安置电视机，而是打造了整面墙的书架用于存放藏书，这使整个家庭充满浓厚的书卷气息。沙发南北摆放，端坐其中视野更开阔。

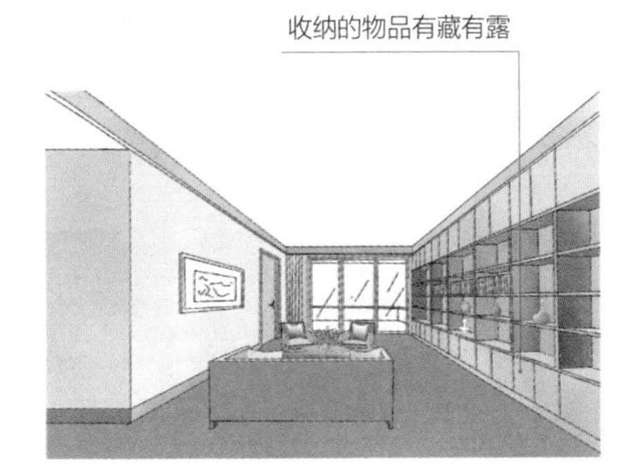

3 储纳功能强大的衣帽间

改变卧室交通动线，把原走廊空间设计为衣帽间，空间得以充分利用，家中凭空多出一间储纳功能强大的衣帽间。

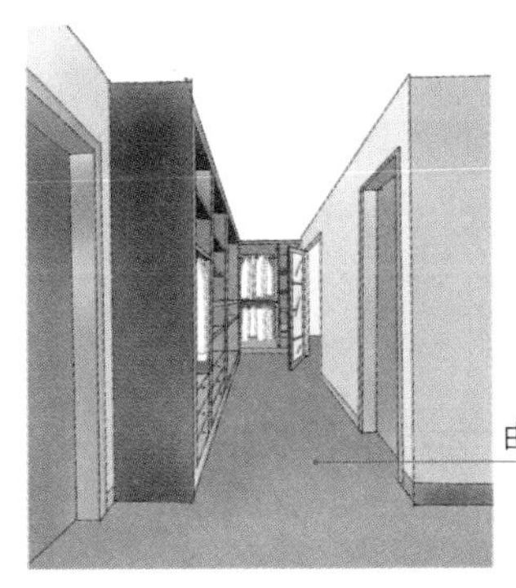

4 打造共享书房

书房与儿童房布局上为套间模式，并且也与主卧室通过衣帽间相连接，这样的布局既有利于家中的动静分区，小朋友玩耍起来也能沿着环形动线轻松奔跑。

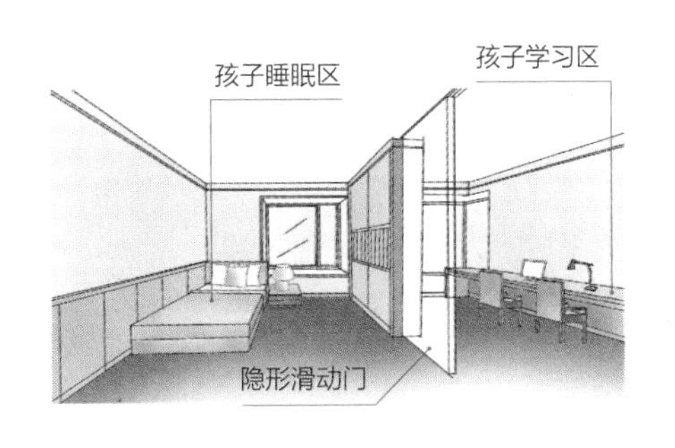

4-4 动线畅通，连小狗也能自在奔跑

房屋信息	■ 建筑面积：190 m²	■ 居住成员：祖父母、父母、孩子
	■ 原始格局：4 室 2 厅	■ 改造后格局：3 室 2 厅、开放书房

4 室 2 厅的大宅，布局也存在不合理的情况：在家庭中占重要地位的厨房却空间狭小， 正常的橱柜都难以摆放，直接影响到操作者的方便。入户动线直接把客餐厅空间从中间一分为二，浪费了很多面积。此外主卧室门、主卫门、入户门，三门处于一条直线上，私密性得不到保障。

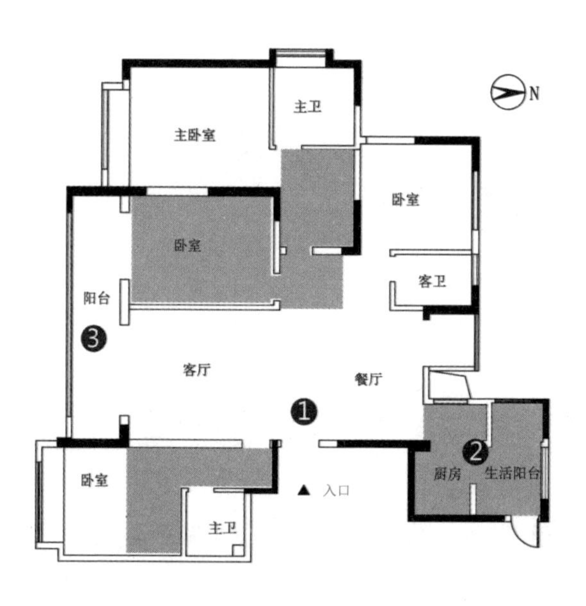

◆屋主需求

❶ 彰显大宅的气质。

❷ 厨房要摆放橱柜。

❸ 避免空间浪费。

◆设计师意见

❶ 户门直面卧室门，私密性差。

❷ 厨房格局差，厨具难摆放。

❸ 阳台位置为家中最佳的地方，需要合理规划。

改造方案 A：迎门而设的端景台，让视线不再凌乱。

将儿童房与客厅之间的隔墙向北延展，增设端景台，提升空间美感。厨房格局改变，扩大烹饪操作区，合理安排水槽、灶台、冰箱，并在侧边分隔出一个储物间，轻松收纳厨房物品。主卧室和北书房打通，通过推拉门连接，形成环形交通动线。主卧室门位置向中间调整，以腾出空间给走道，使其两侧可以安置衣柜，扩大主卧室收纳空间。儿童床南北摆放，节余空间划分出独立衣帽间，收纳孩子的物品。老人房门向内退，腾出空间安置玄关衣柜，入户后的衣物收纳轻松解决。

◆设计说明

❶ 打造完整玄关隔墙，避免入户直冲主卧室门，在视线落脚处设计端景台。

❷ 厨房空间重新布局，以便厨具的安排。分隔出储物间，储藏食材。

❸ 主卧室门位置调整，增设充足的收纳柜。与书房打通，形成环形动线，使用更方便。

❹ 客厅与生活阳台保持贯通，家务劳动更轻松。

改造方案 B：环形交通动线，让老人日常活动更方便。

空间宽阔、动线流畅才能彰显出大宅的气质。把南次卧室和客厅打通，局部利用隔墙分隔书房阅读区和客厅区，整个公共空间形成环形动线，让空间得到真正的解放。充足的阳光、良好的通风、流畅的环形交通动线、自由奔跑玩耍的孩子，让人重新认识到家的含义。厨房大刀阔斧拆除隔墙，打通了空间，居中安置的中岛台，提供了充足的操作、收纳空间。

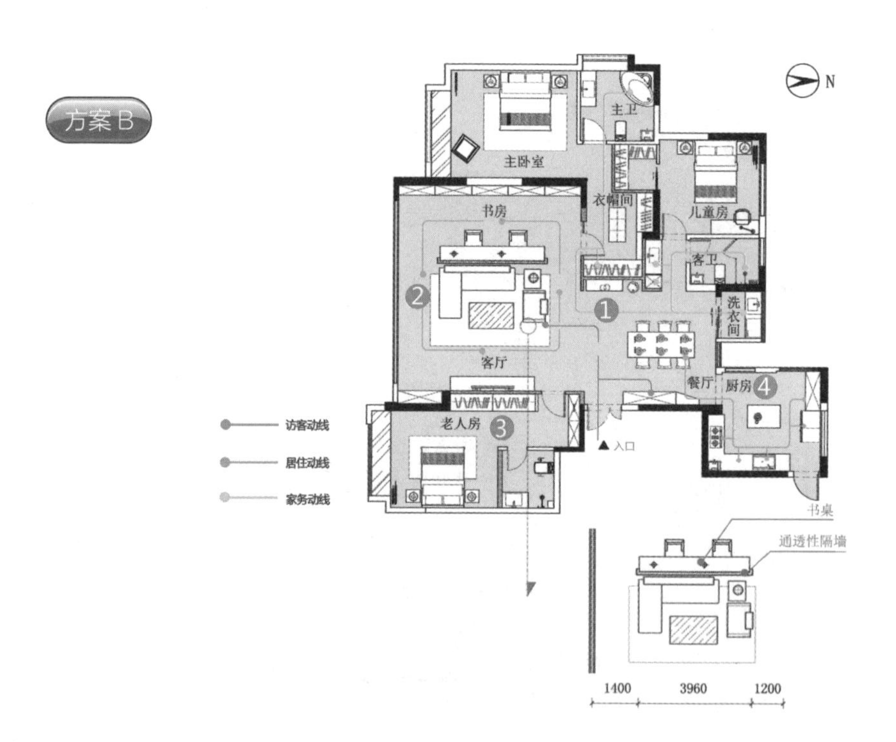

◆设计说明

❶ 设置完整的玄关墙及玄关桌。

❷ 客厅、书房、阳台打通，形成环形的洄游空间。

❸ 老人房与客厅之间的隔墙外移，腾出空间设计衣柜。

❹ 厨房空间全部打通，安置中岛。

◤两个方案都在入户视线里设计了玄关墙、端景台，也都设计了双衣帽间。方案 B 更是将书房与客厅空间贯通，让阳光、微风遍布每个角落。◥

◆细节展示

1 设计玄关墙，增加私密性

设计 U 形玄关墙，增加了私密性及过渡感。将主卧室衣帽间外延，改变卧室门的朝向，打造一面完整的玄关墙朝向入户门。这样人们从室外进入，目光所及顿感大宅风范。

2 客厅、书房空间贯通

将与客厅相邻的书房改造为半开放式，空间大开大合，采光、通风均得以加强。节假日家族聚会，人员众多也不会感觉拥挤。

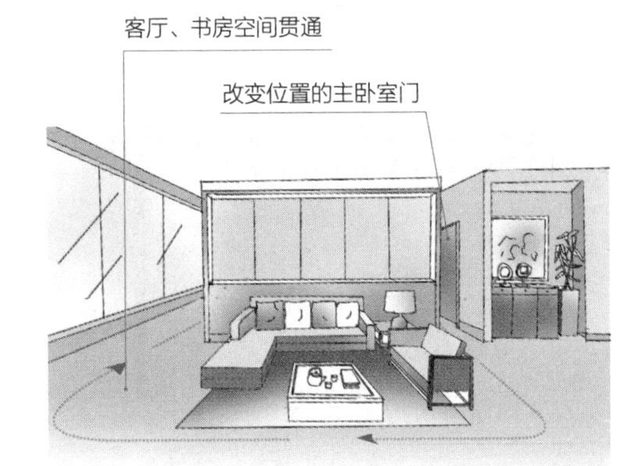

3 老人房暗卫变明卫

将老人房与客厅之间的隔墙外移，增设储物空间。将原本阻碍采光的卫生间隔墙改为磨砂玻璃，暗卫变身明卫。

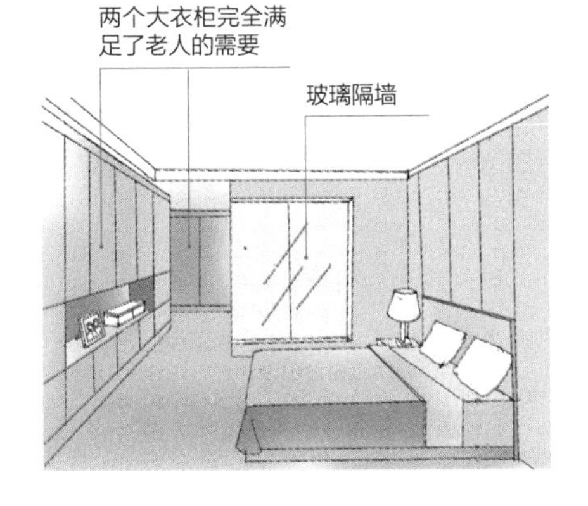

4 厨房空间扩大

将厨房和小储物间打通，增大了厨房面积，在其中设置了独立中岛台，使烹饪成为一种乐趣。

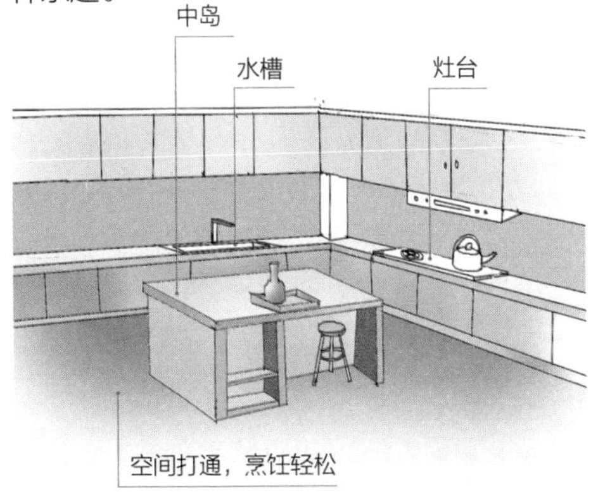

4-5 开门位置不当，空间缺乏凝聚力

房屋信息	■ 建筑面积：138 m²	■ 居住成员：父母、两个男孩
	■ 原始格局：3室2厅	■ 改造后格局：3室2厅

温馨幸福的小家庭，哥哥在上小学，弟弟上幼儿园。新家规划时，计划让哥俩共用一间卧室，让他们拥有更多共同成长的回忆。等哥哥上初中以后，再考虑给他们独立的空间，分房居住。所以现在房屋规划布局上需要一间主卧室、一间儿童房、一间书房。屋主对原始房屋结构最不满意的就是入户门紧邻次卧室门，使人感觉突兀，房间布局也分散。

改造前

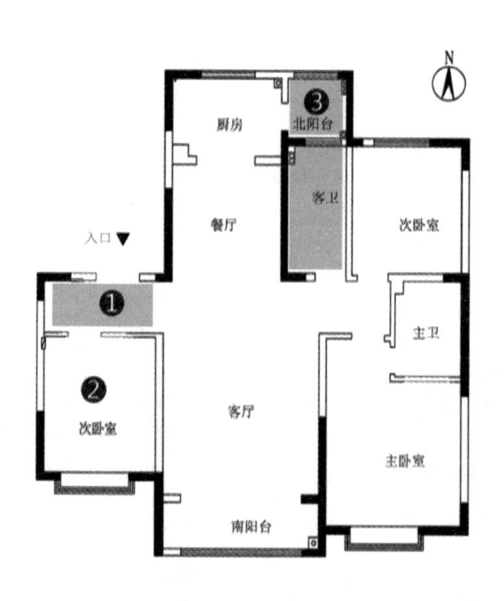

◆屋主需求

❶ 入户紧贴次卧室门，让人感觉不舒服，需调整。

❷ 增大收纳空间，满足四口之家的需要。

◆设计师意见

❶ 入户玄关区设计不合理。

❷ 次卧室开门的位置不合理，使此间房屋游离于整体之外。

❸ 空间利用不充分。

改造方案 A：南向大房安放高低床，让小哥俩每天都能晒到太阳。

打造一个完整的玄关过渡区域，即利用入户右手边的位置，设计一个步入式的衣帽间。通过把次卧室地面适当抬高，配合障子纸推拉门，营造出一个休闲书房，在动线组织上与客厅、玄关、玄关衣帽间形成环线。把阳光最充沛、面积最大的主卧室留给两个儿子做儿童房，把北次卧室改为主卧室。将北阳台与客卫打通，局部改造为衣帽间，并入新主卧室，以此弥补新主卧室收纳空间的不足。在动线设计上，主卧室衣帽间、主卧室休息区、客卫这三个空间动线顺畅，女主人做起家务来得心应手。

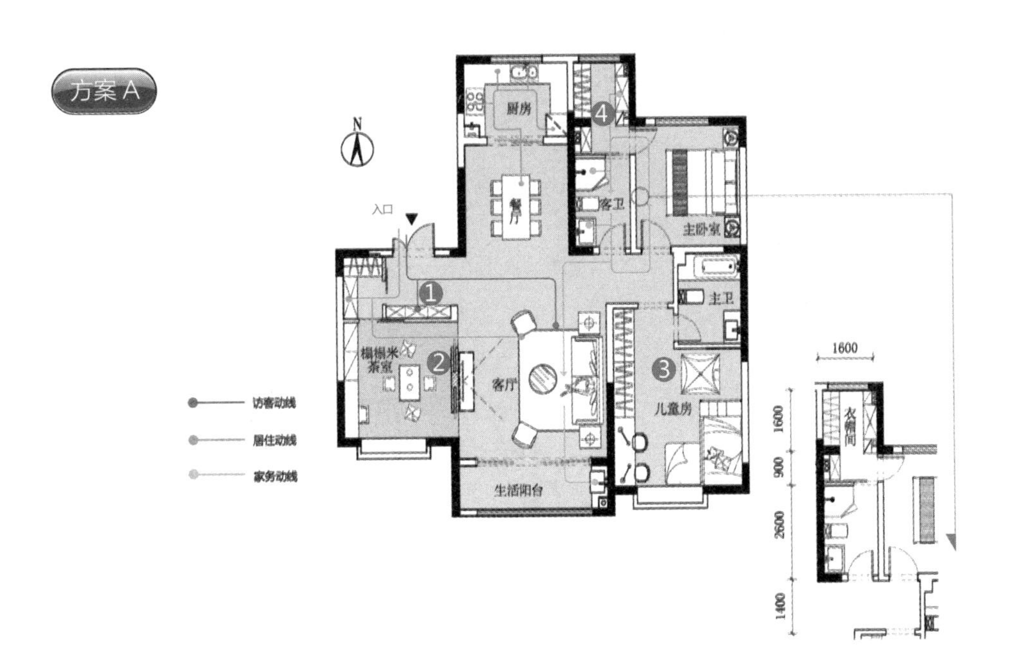

◆设计说明

❶ 书房门移位，入户面对玄关柜。在左手旁边设计玄关衣帽间。

❷ 书房地面架高，门朝向客厅，借此增强家庭的凝聚感。

❸ 原主卧室改造为两个男孩的房间，并安置高低床、书桌、衣柜、儿童帐篷等物品。

❹ 北卧室改为父母的主卧室，并将北阳台改造成衣帽间，供主卧室使用。

改造方案 B：开放式厨房、愉快的料理时光。

整合入户后右手边的空间，并从隔壁的书房也借一部分空间，设计为玄关衣帽间。厨房改为开放式，在其与餐厅之间设置中岛台。把北阳台充分利用，打造为家庭洗衣间，在其中放置洗衣机、烘干机。在空间组织上，与客卫通过磨砂门连接，这样的设计，当家人在卫生间洗完澡后，可以直接进入家务间，把脏衣服丢入洗衣机，出厨房回到客厅，形成一条便捷的家务洄游动线。

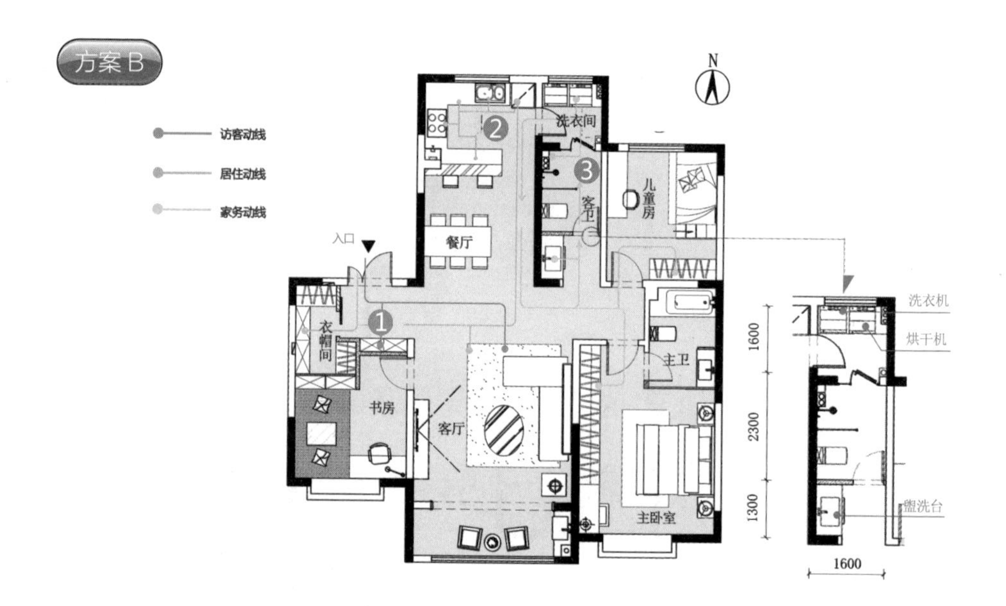

◆设计说明

❶ 在玄关区设计一个独立的储纳空间，方便出入家门时物品的存取。

❷ 厨房改为开放式，并且在餐厨之间安置中岛台，兼有用餐、吧台功能。

❸ 北阳台改造为洗衣间，两端开门分别连接厨房区和卫生间，交通形成环线。

◤方案 A 入户设计为两条动线，主卧室与儿童房调换位置，让孩子得到更多阳光。方案 B 中厨房、阳台皆改动，空间布局更合理，动线更流畅。◥

◆细节展示

1 阳台并入客厅，入户独立玄关区

入户正对玄关柜，右手旁还有一间独立储纳间。日常生活中不方便带入客厅、卧室的物品，可在此收纳。

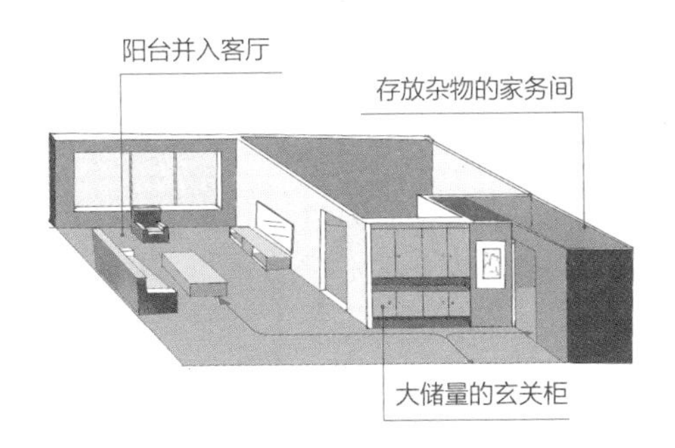

2 厨房开放式设计

开放式的厨房，同时纳入用餐和吧台功能，成为家庭聚会、待客的核心空间。以家务与动线规划紧密相连的设计思路，把北阳台改为洗衣间，两端分别与厨房及卫生间贯通。

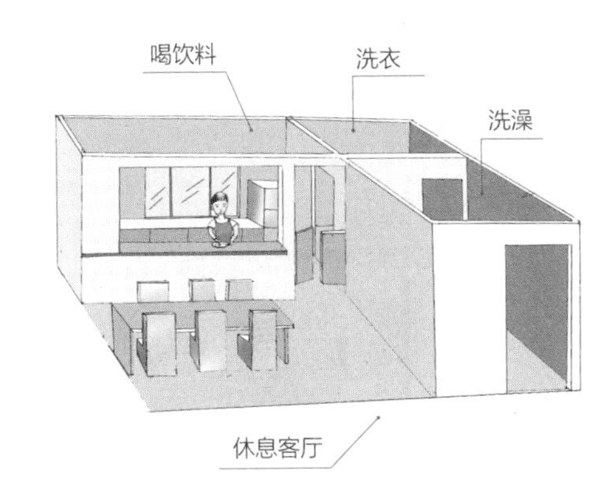

3 主卧室的暗卫改为明卫

主卫隔墙改为清玻材质，让自然光线轻松透入，原本暗卫变为了明亮的明卫。

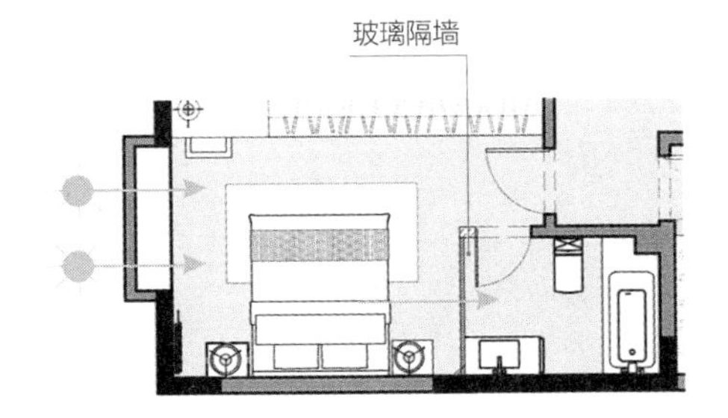

设计百科

厨房动线流程

烹饪流程：冰箱（储物空间）→水槽（清洗空间）→台面（切配空间）→灶台（烹饪空间）→台面（上菜空间，也可以和切配空间共用）。

清洁流程：台面（放置空间）→水槽（清洗空间，也可放洗碗机）→台面（沥水空间）→碗柜锅柜（储存空间）。

4-6 改造狭长老旧房，收纳功能大提升

房屋信息		
	■建筑面积：132 m²	■居住成员：父母、儿子
	■原始格局：3室2厅	■改造后格局：2室2厅

房屋南北狭长，客厅在中间。由于只在北墙有一竖窗，导致客厅最南部的自然采光不理想。推门入户后就直面客厅，缺乏纵深过渡。双卫生间的设置本意虽好但皆为暗房，没有对外的窗户用以通风、采光，所以使用起来并不方便。针对双阳台设计，也需要重新考虑如何进行规划利用。

改造前

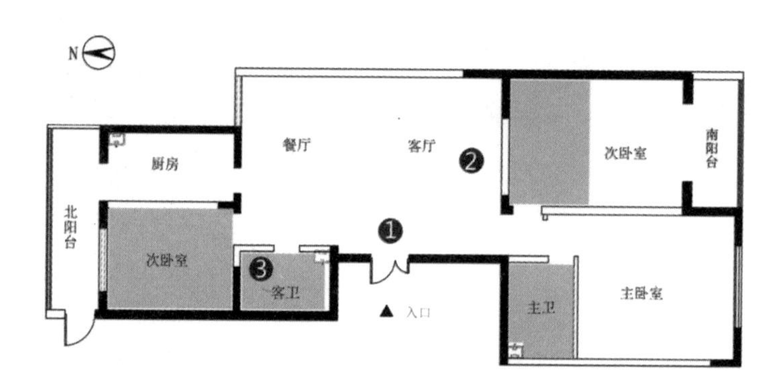

◆屋主需求

❶ 厨房空间小，需要增加操作空间。

❷ 不知道北阳台如何利用。

◆设计师意见

❶ 入户缺少过渡感。

❷ 客厅狭长，尾部采光不足。

❸ 两个卫生间，皆为暗卫。

改造方案 A：南北两侧受光，起居空间变明亮。

针对客厅尾部自然采光不足的问题，干脆将其与儿童房之间的隔墙打通，改变儿童房的交通动线，让房屋最南端的窗户与客厅北端的窗户直接发生对流，改善室内的空气质量。通过透光性良好的玻璃移门，将室外光线引入客厅，增加亮度，客厅通风与采光不良的问题，得到了彻底解决。入户处设置玄关镂空隔墙，打造出玄关过渡区域，增强了空间的层次感，也使人入户后，不再感觉突兀。把卫生间的功能进行拆解，进行四分离设计，与北阳台改建的家务间形成流畅动线。

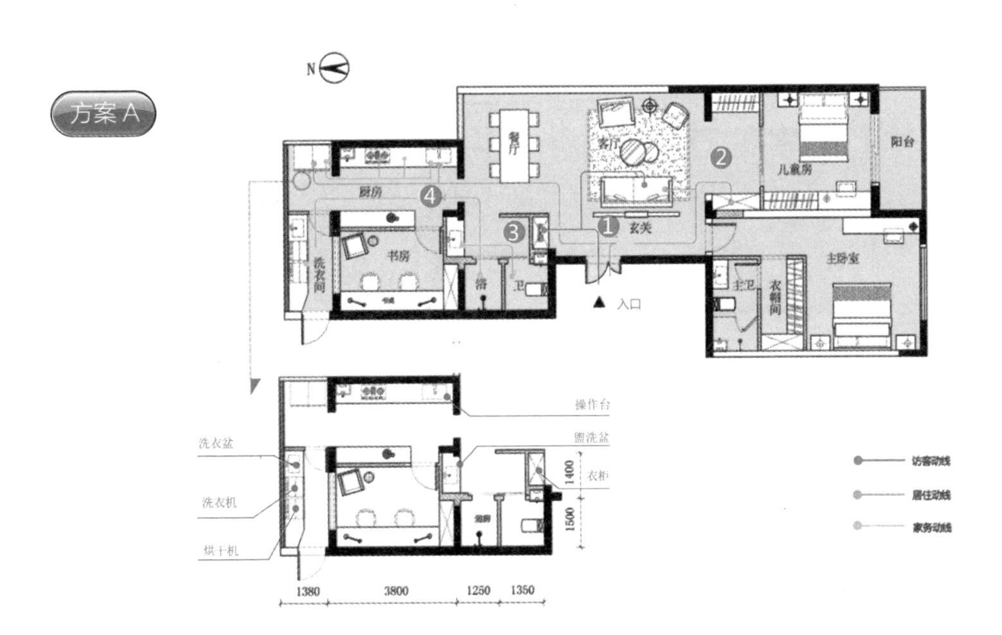

◆设计说明

❶ 设计邻接式玄关过渡区。

❷ 改变儿童房出入的动线，把客厅与儿童房打通，让光线通过儿童房进入客厅。

❸ 拆解卫生间功能，形成四分离格局。

❹ 调整北书房与厨房的空间，增加厨房操作台面积。

改造方案 B：打造多个储物空间，家中整洁有序。

缩短客厅长度，把采光差的区域与儿童房局部空间进行整合，改造为家庭储物间、儿童房衣帽间。动线形成洄游，屋主从外边回家后，可以直接进入储藏间进行物品收纳。

主卧室床体居中摆放，在床头背景墙后设计出一字形的衣帽间，两侧都可出入，使用起来很方便。北卧室与厨房打通，改作了餐厅。利用客厅狭长的特点，把光线最佳的窗前设计成学习阅读区。

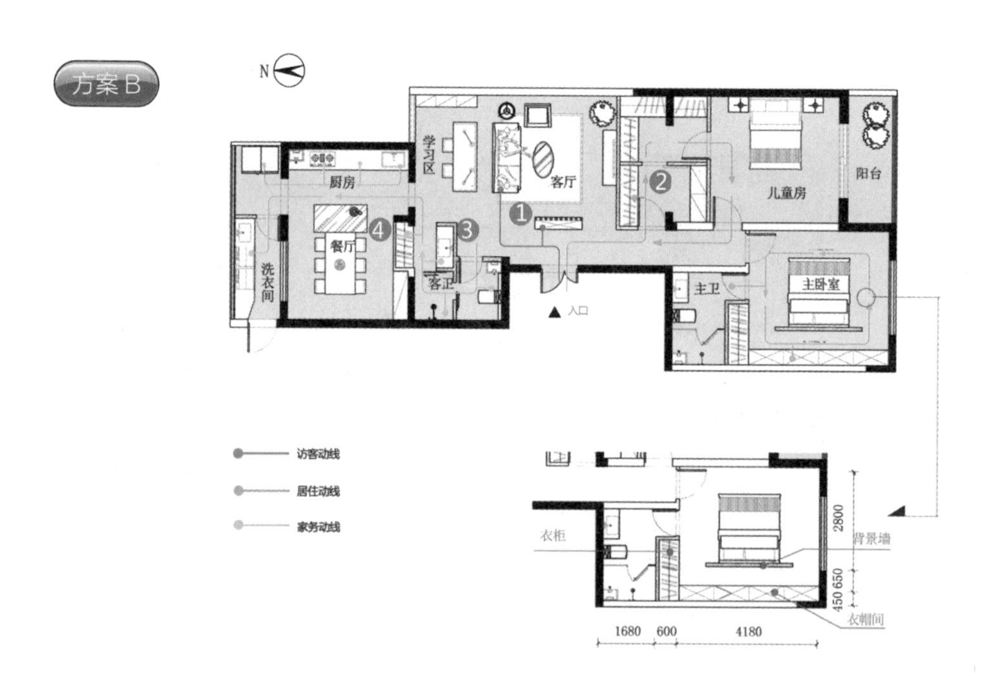

◆设计说明

❶ 入户处设置玄关隔断，强调过渡区域。书房与客厅整合，将空间进行充分利用。

❷ 将采光不佳的区域，设计为对光线要求不高的收纳空间。

❸ 盥洗区外移出卫生间，并在其对面设计收纳柜，可以存放浴袍、毛巾、洗化品。

❹ 北卧室改为餐厅，并与厨房打通。

◤方案 A 将客厅改造为南北两侧都能采光。方案 B 在家中打造出多个储纳间，储物更方便。◢

◆细节展示

1 书房与客厅整合

入户设计镂空隔断，形成玄关过渡区。书房与客厅整合，客厅采光差的最南端，与儿童房局部空间整合，打造为家庭储物间及衣帽间。

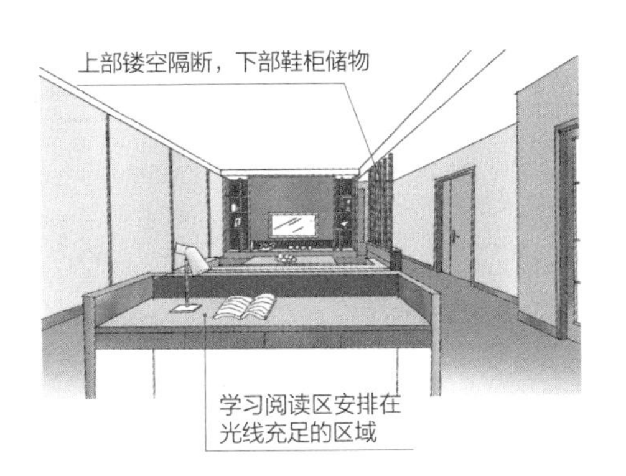

2 主卧室设计——字形衣帽间

利用主卧室床头背景墙后空间设计了一字形的衣帽间，两侧可以环形出入，使用起来也很方便。

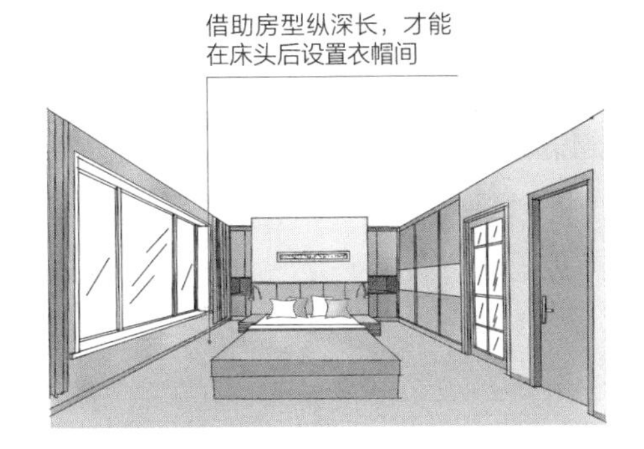

3 卫生间分离设计

卫生间的马桶区与沐浴区、盥洗区分离设计。在盥洗台的对面是储物柜，洗澡时方便随时取用浴袍、浴巾。

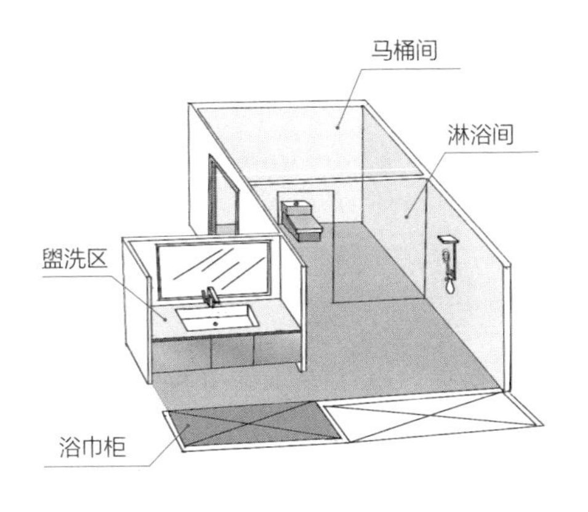

4 餐厅、厨房空间打通

北卧室改作了餐厅，并与厨房打通，以中岛相隔，空间变得宽敞，烹饪、上菜更便捷。

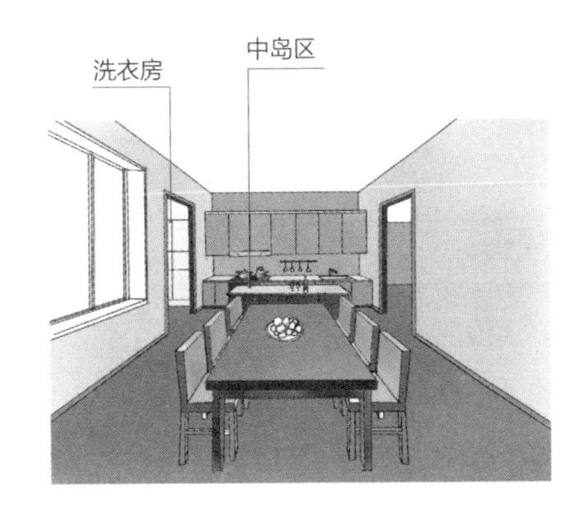

4 动线规划 4-7 平时只住两个人，希望空间更通透

房屋信息		
	■ 建筑面积：148 m²	■ 居住成员：父母、女儿
	■ 原始格局：4 室 2 厅	■ 改造后格局：3 室 2 厅、共享书房

三口之家，包含父母及在读大学的女儿。房子空间很宽敞，但结构上也存在明显不足。客厅东西横长，出入卧室及餐厅的交通动线混乱，把客厅区域分隔得支离破碎，造成了空间浪费。如何调整交通动线，有效利用面积是改造的主要任务。平时女儿在外地读书，家中只有父母两人居住，如果把空间分隔得过于独立，既造成浪费，也影响空间的通透性。

改造前

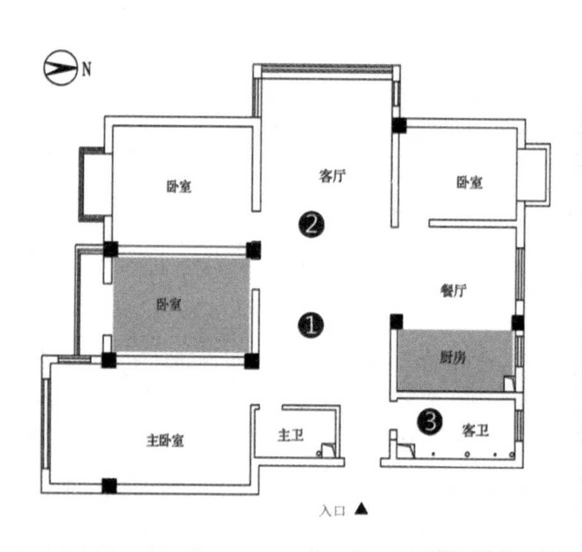

◆屋主需求

❶ 充分利用空间。

❷ 设计人性化。

❸ 希望有一个品茶休闲区。

◆设计师意见

❶ 入户缺乏收纳空间及面积浪费。

❷ 交通动线把空间分隔得凌乱。

❸ 卫生间诸多功能挤在一个空间，使用不便。

改造方案 A：书房、主卧室、衣帽间相贯通，消除主人孤独感。

打破常规思路，把中间的房间设计为共享书房。改变女儿房的入门动线，从书房出入，以增加客厅的有效使用面积，主卧室也可以直通书房，家庭动线变得流畅起来。

把客厅闲置的区域并入主卧室，改为衣帽间。利用环形动线，可从玄关区或书房区分别出入，既合理利用了空间面积，又提高了生活的舒适度。把客厅的西端窗台前地面架高，设计出男主人喜欢的品茶休闲区。

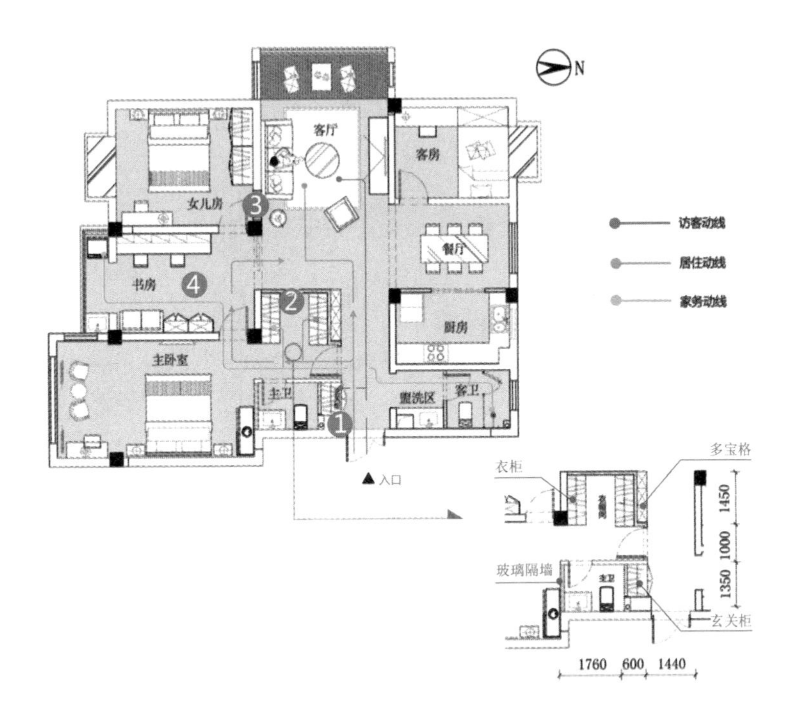

◆设计说明

❶ 把主卫隔墙向后退，打造玄关收纳柜。

❷ 把客厅闲置区域并入主卧室，改为衣帽间，并组织环形动线出入，行动更方便。

❸ 改变女儿房的入门位置，增大客厅有效使用面积。

❹ 共享书房的设计，使其成为家庭的又一个活动中心，同时也减少了在客厅会客时对卧室的干扰。

改造方案 B：客餐厅、厨房南北格局，空间更通透。

把布局进行颠覆，可能会有不一样的发现。把房间客厅原本东西向的格局，改为了南北方向，这样的改动使得空间的采光、通风均得到加强。借用厨房的部分区域，设计为家务间，入门和客卫相邻，在卫生间洗浴完毕，直接进入家务间换洗衣物。西卧室改为书房，并将与其相邻的客厅隔墙打掉，实现了空间的贯通。日常只有夫妻两人的家庭，生活起来更舒适。

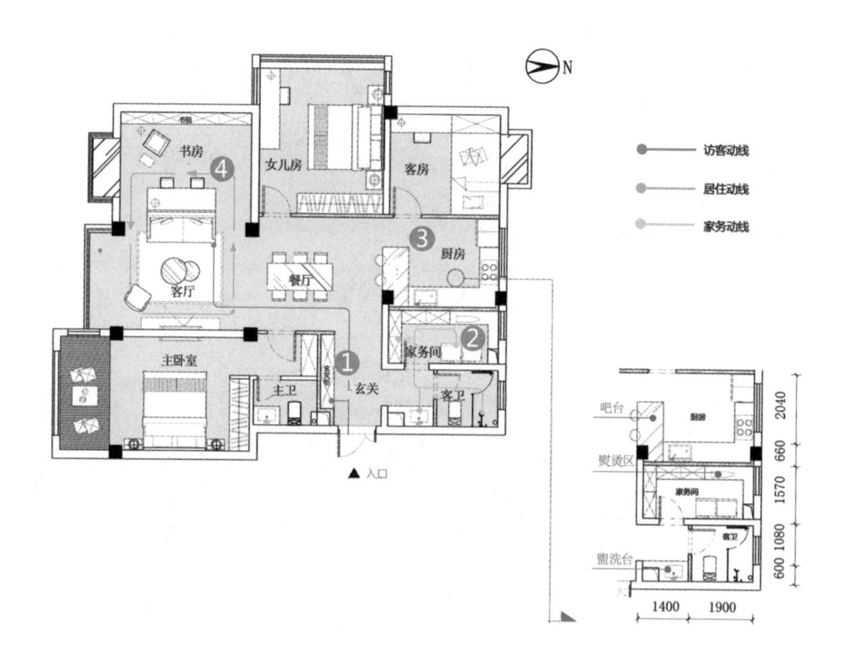

◆设计说明

❶ 入户左手处设计玄关柜，便于物品储纳。

❷ 家务间的设计，使得洗浴、化妆、换衣、洗衣、收纳动线流畅。

❸ 厨房区域向西移动，设计为 U 形半开放式。

❹ 西卧房改做书房，与客厅打通，在西墙打造整面的书柜，方便收纳藏书。

◤方案 A、B 都围绕着不希望家中空间分隔得过于封闭这一需求展开设计。方案 A 把书房改为共享空间。方案 B 直接将客厅与书房空间贯通，融为一体。◢

◆细节展示

1 打造完整玄关过渡区

充足的收纳衣柜，满足了屋主出入时的物品收纳。完整的玄关墙、精美的艺术挂画，凸显出主人的品位。

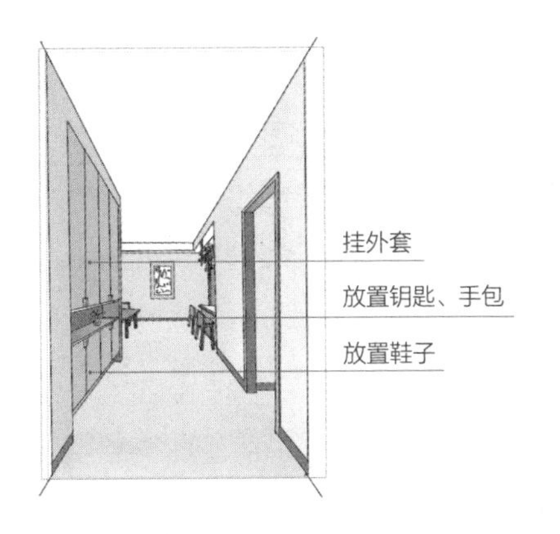

2 拥有独立家务间

利用厨房西移腾出的空间，改造成家务间，其中安置洗衣机、烘干机、储物柜、熨烫台，家务劳动一气呵成。

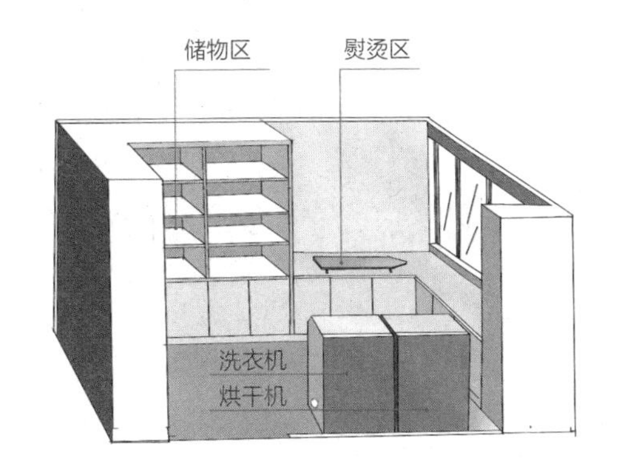

3 厨房现代便捷

移位后的厨房设计为 U 形半开放式，吧台上方设计搁物架，放置绿植，即使在厨房劳动也赏心悦目。

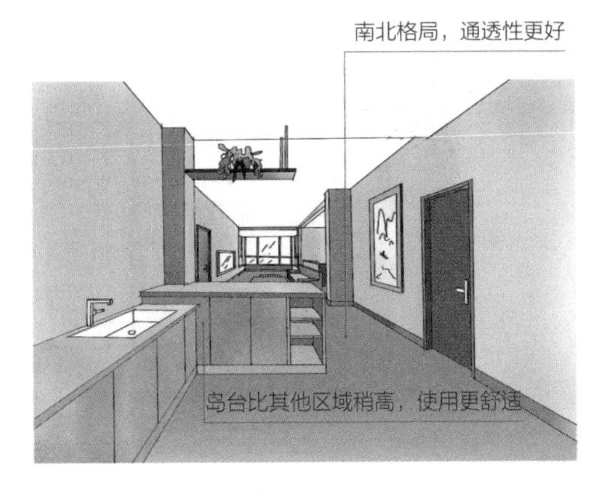

4 客厅与书房融为一体

客厅与书房融为一体，空间宽敞、光线充足。闲暇时家人在此欣赏影视节目或看书学习，都很惬意。

5

弹性布局

布局随心变化，这样的空间才好住

在设计中需要以人为本，根据各自的实际需求、生活方式，量身定做最适合的空间布局。

城市建设高速发展，成片的小区拔地而起，但各个小区的建筑风格千篇一律，户型设计也相差无几。房屋的布局空间基本都划分为客厅、餐厅、厨房、卧室、书房、卫生间、阳台、家务间，清晰划分各空间用途，大家也都感觉这是天经地义，住房不就应该如此吗？房屋装修完工后，左邻右舍之间相互参观，发现各家的装修风格及布局也大同小异，完全没有个性差别。这样的设计现状，肯定也无法满足每个家庭不同的差异化需求，在以后的居住中，大大小小的不便也会一一浮现出来。

从设计师角度来看，过分细致的空间划分会导致整体格局过于琐碎、呆板，尤其是对中小户型来说，格局被划分得过于细致，不但让空间显得更狭小局促，连通风、采光都受到影响。

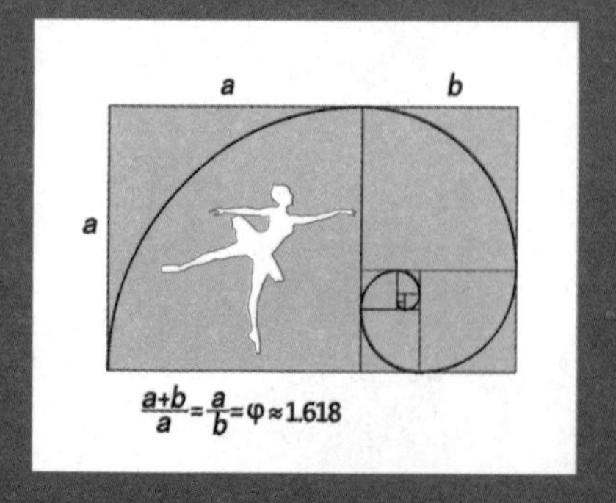

小贴士

空间分割常见问题：①呆板、琐碎；②闭塞不通透；③面面俱到，没有重点；④没有分区。

因此，在具体设计过程中，需要真正地解放思想，打破过时的条条框框，根据自身不同的情况，尝试不同的空间组合。以人为本，根据不同的家庭成员构成、生活方式、实际需求来量身定做不同的空间布局组合，让入住后的家人不禁从内心深处说出："这才是我想要的生活。"

下面我们将打破习惯的空间分隔，尝试将不同的空间重新组合，看看会呈现出怎样神奇的效果。

1 客厅 + 书房

多数家庭的客厅其实主要担负着起居室的作用，用于接待客人反而是一个低频的功能。客厅是一个家庭的活动中心，一家人在此互动、交流、娱乐休闲。如果居室空间有限，无法划分出独立的书房时，可将书房功能融于客厅区域，这也不失为一个好办法。在客厅沙发背后设置书桌、书架，一边看书上网一边照顾在地毯上玩耍的宝宝，各得其乐。如果家庭有独立书房，而书房与客厅相邻，可以在之间的隔墙上设置内窗，让空间与视线更开阔，并利用百叶卷帘，实现开放与私密的互换。

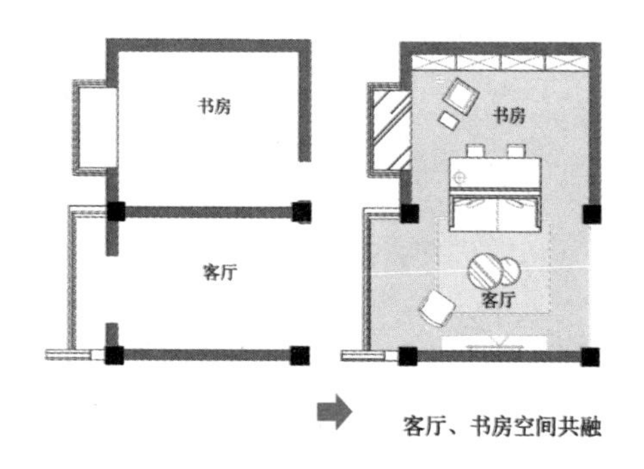

客厅、书房空间共融

餐厅 + 厨房

传统做法都是将厨房封闭起来，让其与客餐厅区域隔离。这样做主要出于两点：一是担心厨房烹饪时的油烟弥漫到其他空间；二是担心厨房的脏乱差被人看到。但这样做也存在明显的不足，如果本身家庭空间局促，一隔离空间感觉更狭小了。给家人烹制美食时，大家都在客厅兴高采烈地聊天，而自己一个人被关在厨房，无法和家人互动，感觉有点小寂寞。

现在科技高速发展，整体厨具不断改良，抽油烟机不断改进。洗碗机、洗菜机、垃圾处理器等小厨电的普及，让原来所担心的问题将不复存在。

餐厅与厨房打通进行布局设计，使空间使用起来更方便。长长的大餐桌和中岛的安排，让一家人可以围坐包饺子，做烘焙，其乐融融。做饭不再是被墙和门隔离开的孤独劳作，而是充满参与感的美好生活一部分。

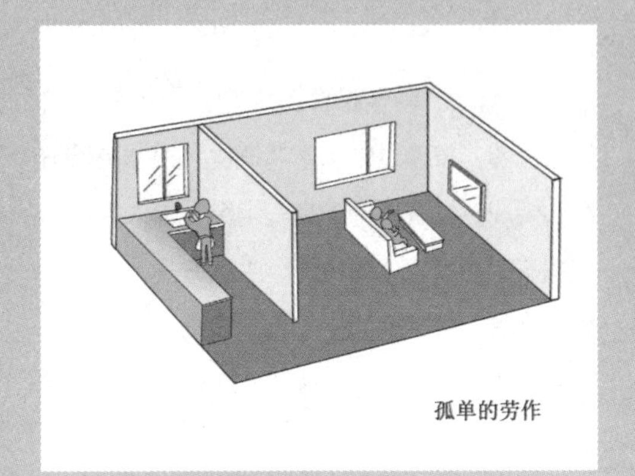

孤单的劳作

充满参与感的生活

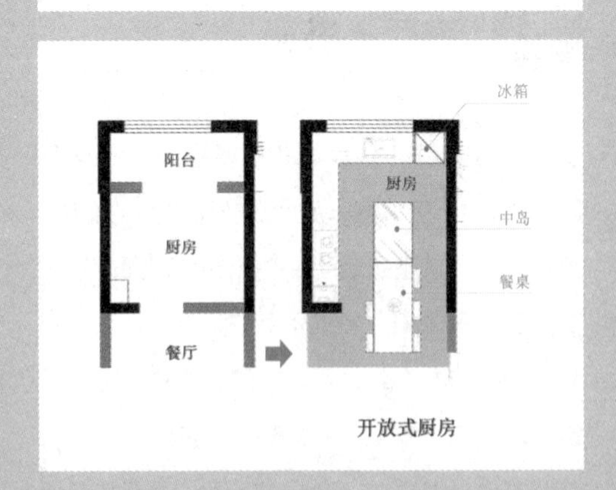

开放式厨房

主卧室→书房←儿童房

拥有充足空间打造独立书房，再把共享的理念也融入其中，会呈现出意想不到的效果。书房变为家庭的活动中心，一家人在闲暇之余相聚于此，看书、学习、聊天、下棋，可以从卧房或客厅直接进入，既动线流畅，又自成一体。

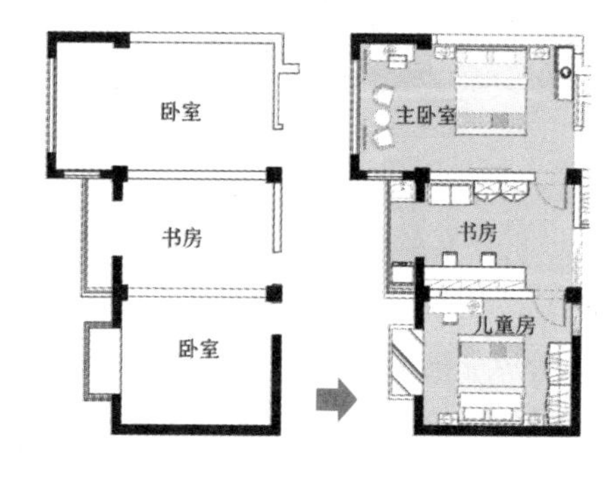

共享书房

卧室→衣帽间←卧室

把不知如何利用的碎片空间，改造为分别连接两间卧房的共享衣帽间，同时服务大人与孩子的收纳需求，还保持着相对的私密性。在孩子年幼时，父母可以通过此空间，对孩子进行更好的照顾。

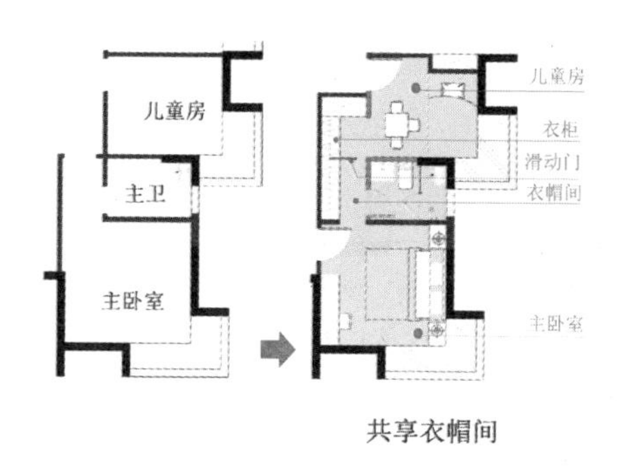

共享衣帽间

主卫 + 次卫→盥洗间 + 马桶间 + 洗澡间 + 洗衣间

新建的商品房如果面积允许，大都喜欢设置双卫，甚至多卫。真的是卫生间越多就越便捷吗？其实未必。过多的卫生间不但挤占了其他空间的面积，设计功能单一、重复，使用起来也不方便。把空间进行整合，同时考虑到动线组织与收纳设置，打造出分离式的卫浴空间，反而使用起来更方便。把节余出的空间，补充到休息空间、收纳空间，布局灵动，生活变得更有趣。

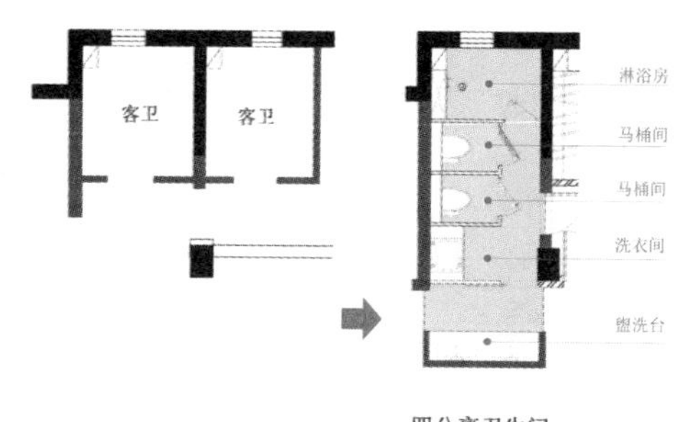

四分离卫生间

5 弹性布局 5-1 夫妻 +1 男孩，喜欢轻松、洒脱的生活

房屋信息		
	■ 建筑面积：116 m²	■ 居住成员：父母、孩子
	■ 原始格局：2 室 2 厅、空中院馆	■ 改造后格局：3 室 2 厅

T 小姐购得此房后，家中长辈不满意入门即看到主卧室门，门敞开时卧室内景一览无余。开发商赠送了一间空中院馆，但采光受限，不知怎样利用才好。三口之家，孩子年幼，在布局上要考虑给他打造一个自己的玩耍区域。长辈也可能不定期来居住，需要设计出他们的卧房。此外，设计师还观察到两个卫生间的设置都很局促，光线也比较暗，这些都需要在后期改造中给予调整。

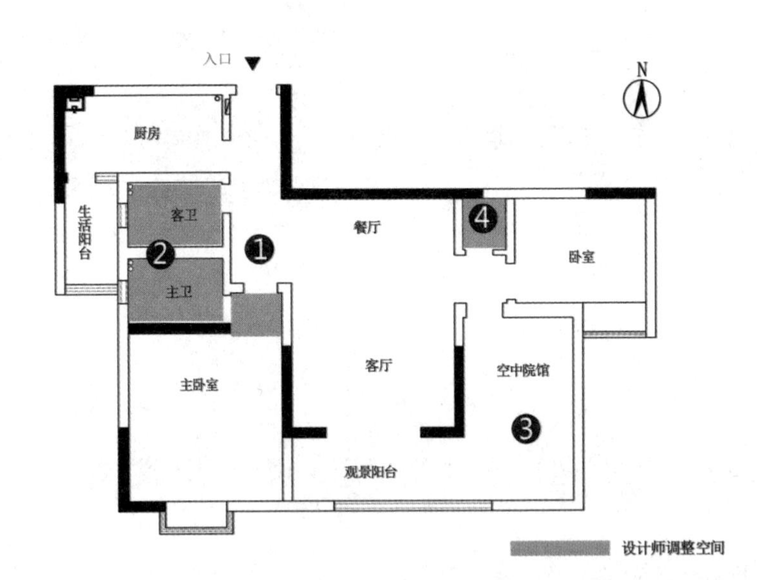

◆屋主需求

❶ 优先考虑宝宝。

❷ 需要考虑到老人不定期来居住。

❸ 整体布局轻松、明快。

◆设计师意见

❶ 入户后就能看穿主卧室，私密性不够好。

❷ 两个卫生间狭小、采光差。

❸ 开发商赠送面积，采光差。

❹ 储物间是鸡肋，不好利用。

改造方案 A：共享浴房，空间变富足。

针对长辈最不满意的入户区做出的调整措施，是改变主卧室门的开启方向，并在入户处加设玄关柜，一举两得。采光最好的南阳台打造为孩子的活动区，让其在这个小天地中快乐地玩耍。现有的两个卫生间狭小又阴暗，借鉴共享的理念，打造出一间宽敞的共享淋浴房，让两个卫生间都得到解放。

利用玻璃隔墙将空中院馆与阳台隔离，最大限度增加其自然采光，并在光线最充足的位置安置书桌。考虑到长辈不定期来居住，特设计了墨菲床供其使用，平时折叠起来，使这个空间又兼具了客房与书房的功能。

方案 A

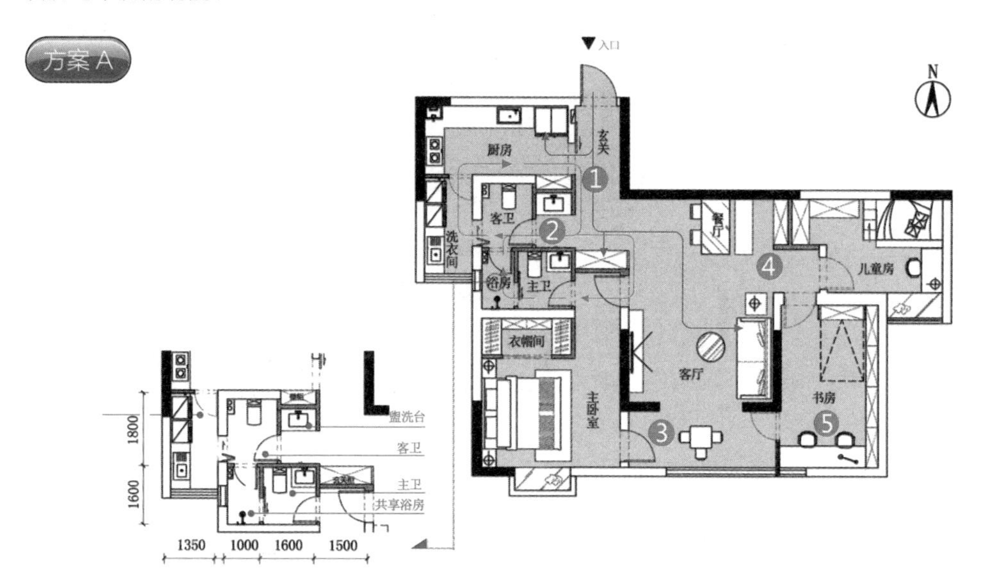

◆设计说明

❶ 主卧室门朝向客厅开。在入户门处设计玄关柜，形成独立的玄关区。

❷ 客卫干湿分离，并与主卫共享一个浴房，使空间更加宽敞。它们还与家务间、厨房形成环形动线。

❸ 南阳台改造为亲子区，即使陪孩子做游戏也不成问题。

❹ 将鸡肋储物间拆解使用。

❺ 空中院馆打造为书房，安置墨菲床。

改造方案 B：扩充玄关，让人推门入户不憋闷。

借用厨房与客卫的部分面积，再加上倾斜的玄关柜，共同形成了一个宽敞、别具一格的玄关区。将原有的两个卫生间格局彻底打破，合并改造为一个四分离式的卫生间，盥洗区、马桶间、浴房分别独立、互不干扰。虽然两卫变成了一卫，但使用效率更高了，空间、采光、动线也更加流畅。增加储纳面积，主卧室与儿童房都设置了独立衣帽间。

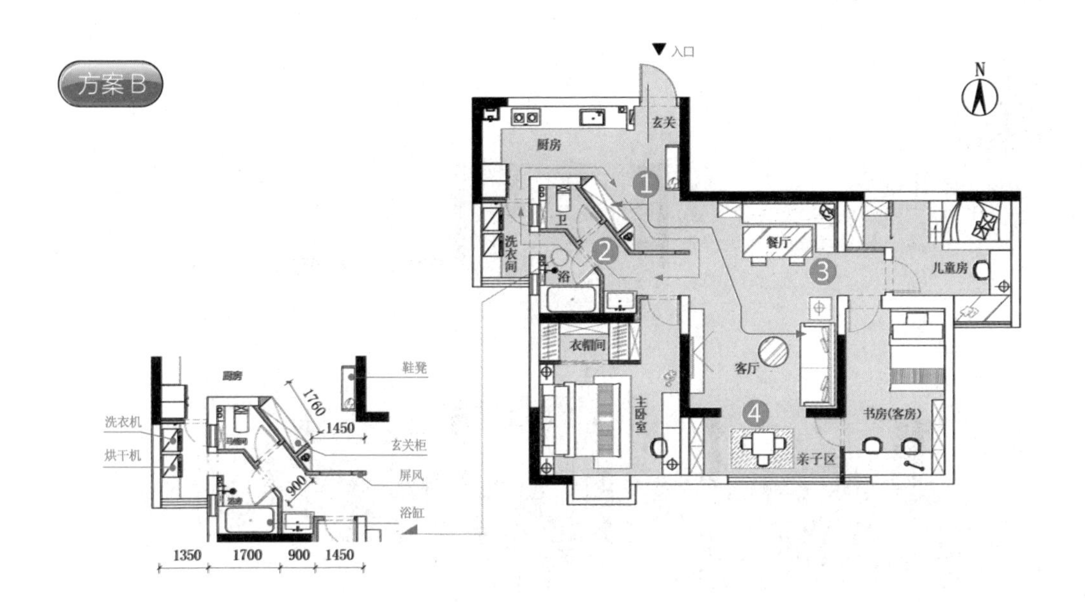

◆设计说明

❶ 借用厨房、卫生间面积，扩大了玄关空间。

❷ 原有两个卫生间合二为一，打造出四分离的新格局，使用更加高效和便捷。

❸ 因地制宜，充分利用面积，在餐区设置卡座。

❹ 把光照最好的阳台设计为亲子区。

◤方案A设计共享浴房给主客卫，以便节省卫浴空间。方案B扩大入户区面积，双卫合一，功能分区。◥

◆细节展示

1 设置独立玄关区

将空间进行腾挪，扩大入户过渡区面积。增设玄关柜及鞋凳，使空间拥有完整过渡区域。厨房空间也变得开阔了很多。

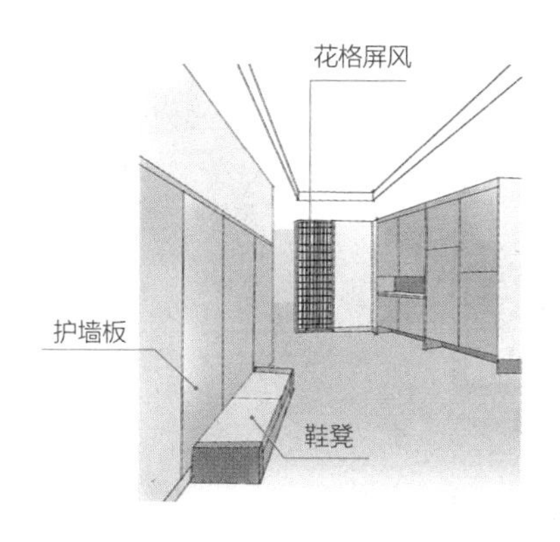

2 双卫合并，功能分区

原双卫面积狭小，管线暗，改造整合为一个四分离的卫浴间，盥洗、马桶、洗浴分别独立，又相互贯通，与隔壁生活阳台贯通。

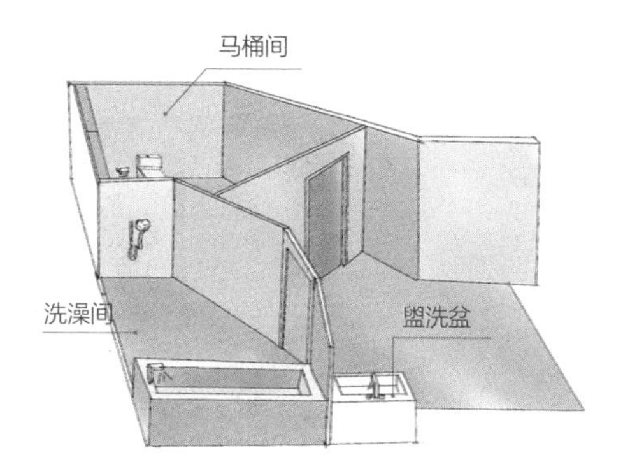

3 因地制宜、规划餐区

将餐区设置为卡座形式，以便空间得到充分利用。 在卡座侧边设计置物搁架，可以放置饰品、书籍或餐具，既方便了取用，又起到装饰作用。

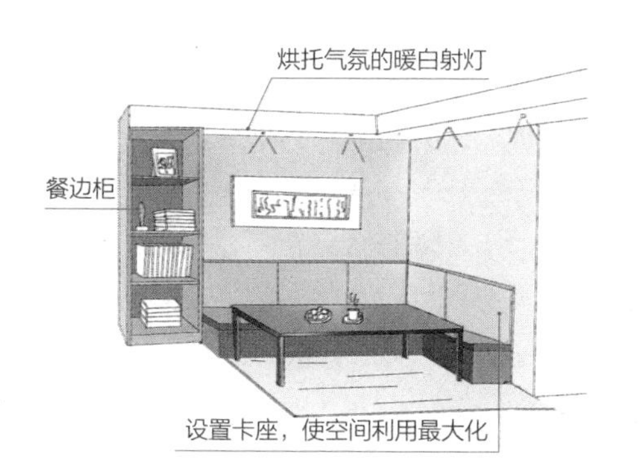

4 打造亲子游戏区

房屋中光线、视野最佳的阳台位置，设计成亲子游戏区，顺便在西侧墙面布置玩具柜，摆放孩子心爱的玩具。

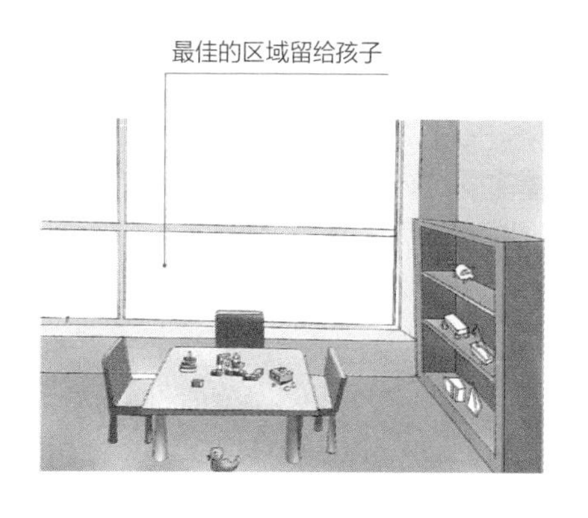

5 弹性布局 5-2 装修入住才两年，感觉处处不方便

房屋信息		
	■ 建筑面积：140 m²	■ 居住成员：父母、孩子
	■ 原始格局：3 室 2 厅、双卫	■ 改造后格局：4 室 2 厅、单卫

J 女士对两年前才装修入住的房子很不满意，认为其缺乏收纳空间，动线设计不合理，无法适应家人的生活习惯。虽然配备双卫，但哪一个使用起来都不舒心。三岁儿子的玩具丢得到处都是，却没有一个专属的玩耍区域。自己喜欢饮茶，但没有一个安静的角落。

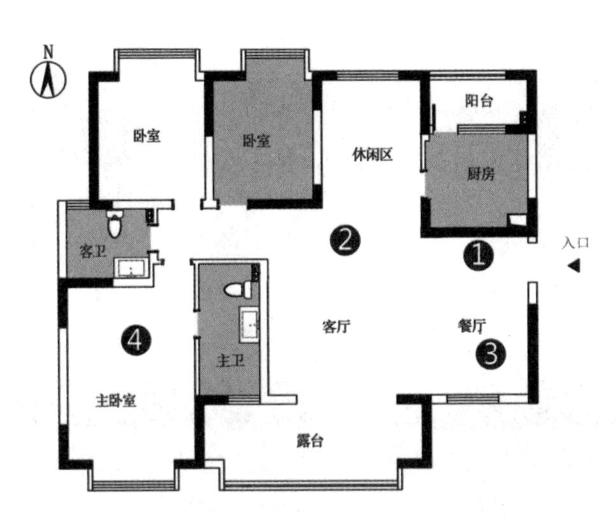

设计师调整空间

◆屋主需求

❶ 不希望外人开门能看穿客厅。

❷ 希望有一个品茶区。

❸ 孩子年幼，要让其始终处于家长的视野中便于照看。

◆设计师意见

❶ 入户缺乏过渡收纳空间。

❷ 室内棱角过多，让人不舒服。

❸ 厨房和餐区动线过长，使用不便。

❹ 主卧室缺乏收纳设置。

改造方案 A：主客卫对调，餐区改为储藏间

把入户动线必经的餐区，改造为独立的收纳间，尤其是不方便带入客厅、卧室的物品都得以存放。打通厨房和小阳台，设置中岛，提升了烹饪乐趣。在餐厅设置卡座，可满足主人的品茶需求。主卫与客卫的使用性质对调，客卫改为主卫，并入主卧室供主人使用；主卫改为客卫，从主卧室解放出来，供客人使用。这样的布局调整，使用起来更合理。主卧室床体位置调整，拥有了整面墙的大衣柜，进一步满足了对收纳的需求。

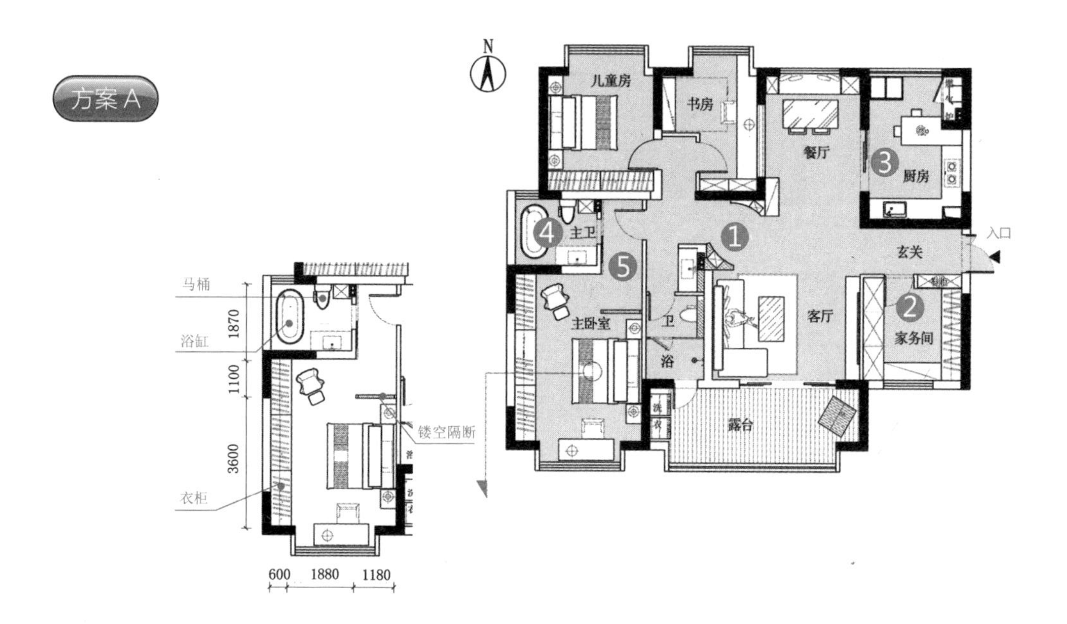

◆设计说明

❶ 利用椭圆造型，隐藏走廊大棱角。

❷ 原餐区设计为储藏间，扩大家庭储纳空间。

❸ 厨房与小阳台合并扩容，烹饪拥有好感觉。

❹ 两卫对调使用更加方便。

❺ 主卧室打造充足的收纳衣柜。

改造方案 B：镂空茶座既可品茶，又可用作屏风，一举两得。

在入口过道上打造出一个镂空的半圆茶座，以供主人品茶之用。它的设置还能起到玄关屏风的作用。避免了客人在入门时即看穿整个客厅的尴尬，又使得生活动线圆润舒适、不突兀。

书房与餐厅之间、和室与客厅之间都留有窗户，让玩耍的孩子始终处于父母的视线中。大人们既可以放心做自己的事情，又能随时关注到宝宝的行踪。

把解放出的原来的主卫进行分离设计，并与阳台洗衣区打通，洗脸、泡澡、洗衣一条龙，家务动线更顺畅。原有客卫直接并入主卧室，改为了独立式衣帽间，纷繁的家庭物品拥有了自己的位置，家里终于整洁起来。

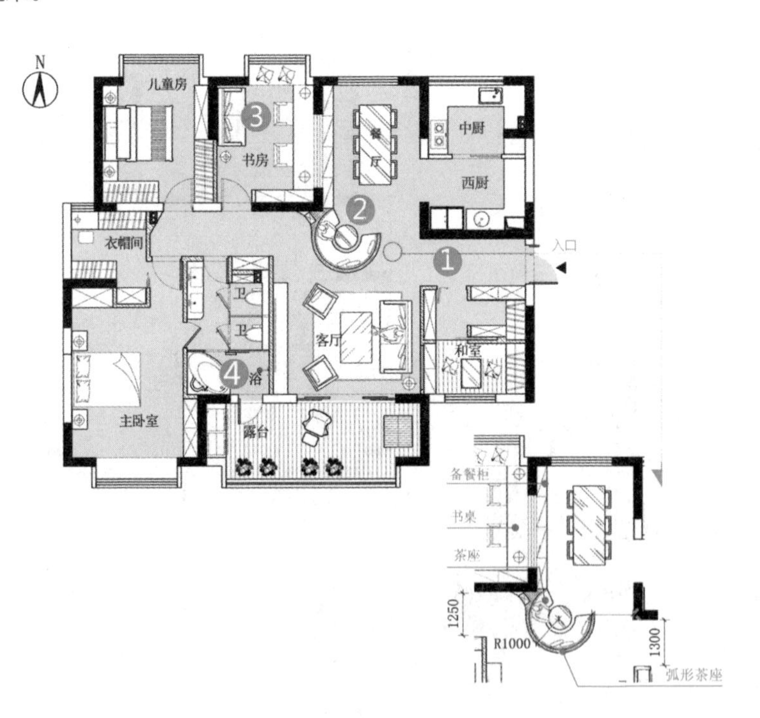

◆设计说明

❶ 打造独立玄关区，设置玄关鞋柜及收纳间。

❷ 半圆形的镂空茶座，成为家庭一景，更添生活情趣。

❸ 书房与餐厅之间的隔墙上留有窗口，整体空间更显通透。

❹ 原有的双卫合二为一，形成双马桶、四分离的环形动线卫生间。

◤方案 A 主客卫调换，扩大厨房面积。方案 B 将原来的主卫改为客卫，原客卫并入主卧室改作独立衣帽间。厨房分为中厨、西厨。◥

◆细节展示

1 在过道区域设计镂空的半圆茶座

独具设计感的茶座，既满足品茶需求又可以遮挡视线，具备屏风的作用。

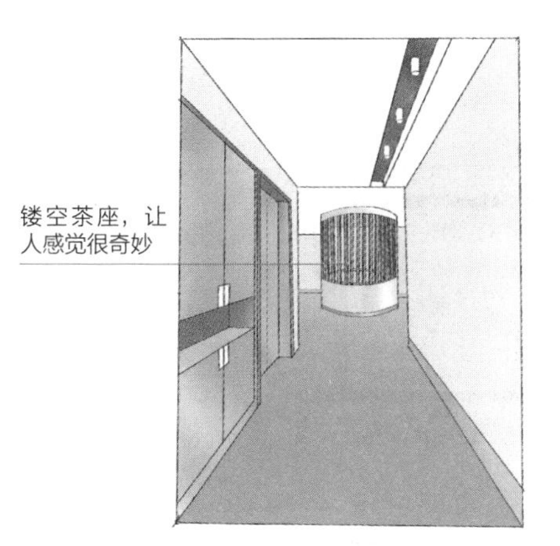

2 书房与餐厅之间设计窗洞

书房与餐厅之间的隔墙设计出窗洞，让坐在书桌前的人视野开阔，又可随时关注起居空间的举动。在内窗上安装了百叶卷帘，根据需求进行闭合。

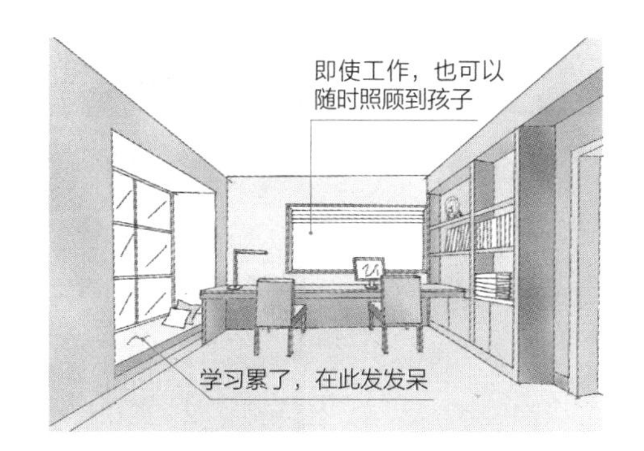

3 打造双马桶的卫生间

双卫合并为一个，双马桶间四分离的设置形成“洁面—如厕—洗浴—洗衣—休息”的环形动线。

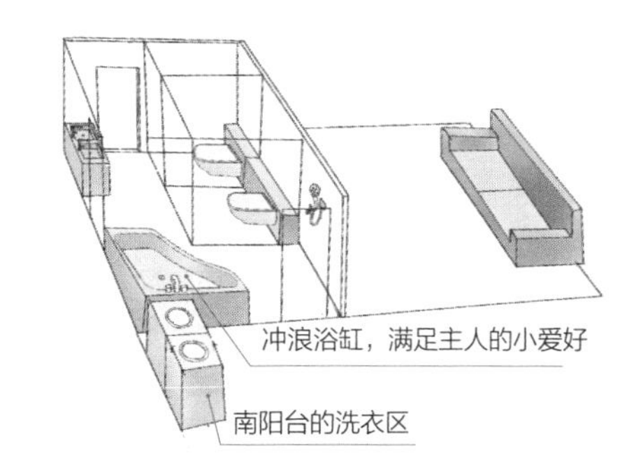

设计百科

卫生间洁具的占地面积

马桶占地面积：37 cm×60 cm

柱盆或挂盆占地面积：70 cm×60 cm

浴室柜（中等）占地面积： 60 cm×100 cm

正方形淋浴间占地面积：不小于 80 cm×80 cm

浴缸占地面积：160 cm×70 cm

5-3 平面设计师的家，要自由、要阳光

房屋信息		
	■ 建筑面积：130 m²	■ 居住成员：祖父母、父母、儿子
	■ 原始格局：4 室 2 厅	■ 改造后格局：3 室 2 厅

委托人夫妇年轻开朗，对新房最大的不满就是两个卫生间皆为暗卫，日常使用都要借助人工照明，需要在改造过程中重点关注。另外儿子年幼，需要爷爷奶奶前来照顾，家中需要增设老人房。厨房在家中偏居一隅，稍显闭塞，也需要调整。

改造前

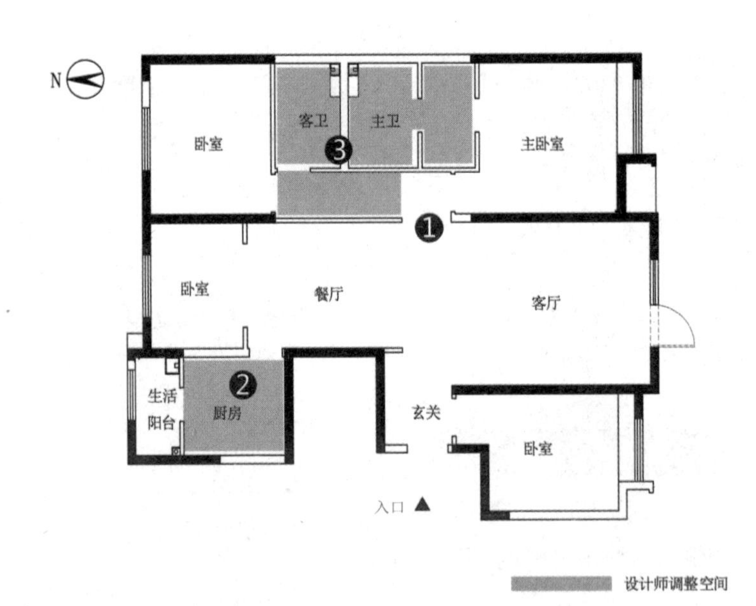

◆屋主需求

❶ 需要三个卧室。

❷ 希望有一个学习、阅读的区域。

◆设计师意见

❶ 入户视线凌乱。

❷ 厨房所处位置闭塞。

❸ 两个卫生间皆为暗卫。

改造方案 A：盥洗台外移，主卧室衣帽间 ll 形变 L 形。

将使用最频繁的客卫进行调整，把盥洗区外移至走廊，优化其结构布局。在卫生间与两侧隔墙上局部采用玻璃砖，利用其透光性增加暗卫的自然采光。

在餐区与洗手台之间增加隔墙，避免人们就餐时，抬头看到洗手台镜面，也能起到丰富空间层次的作用。主卧室与主卫之间增设嵌入式衣帽间，并采用 L 形设计，避免了床体正对马桶的不舒适感。厨房与书房打通，以吧台分隔，消除厨房的闭塞感。

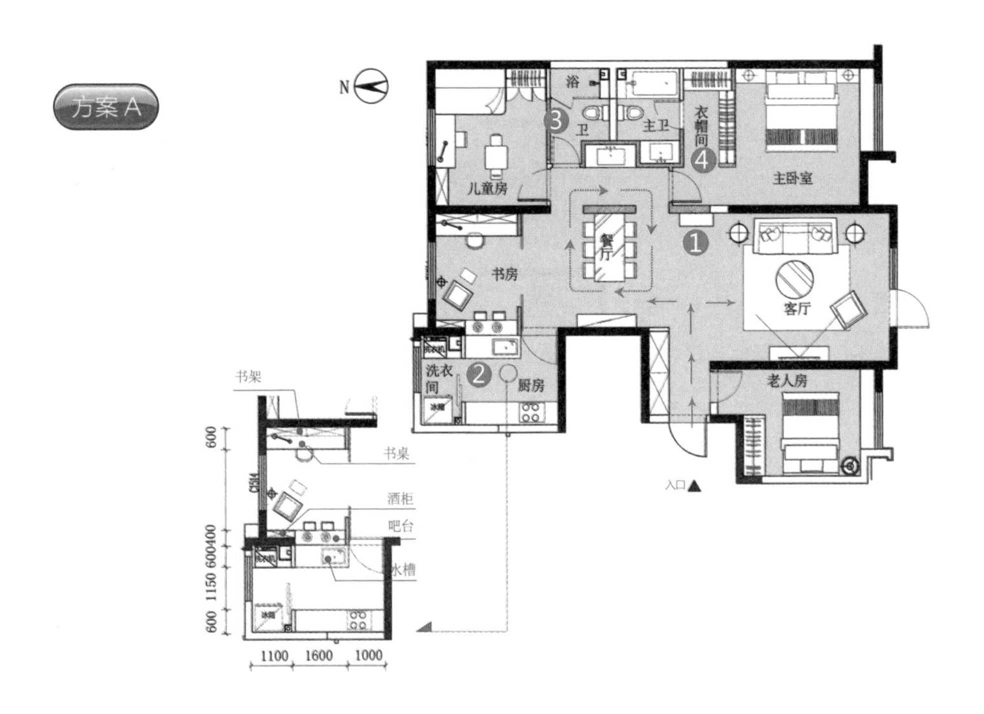

◆设计说明

❶ 调整主卧室入门位置，使人们入户时看到完整玄关墙。

❷ 厨房与书房打通，以吧台进行分隔，空间变得通透。

❸ 卫生间与卧室之间的隔墙局部采用玻璃砖材料，尽量增加卫生间的自然采光。

❹ 在主卧室睡眠区与主卫之间，设计 L 形嵌入式衣帽间。

改造方案 B：改造后的家，舒适度比肩高档宾馆。

把两个卫生间进行整合移位至原北卧区，让它拥有了对外的窗口，清新的空气及明亮的自然光线，可以充满整个卫生间，彻底改善了采光与通风。同时把洗衣间与衣物收纳间融合进去，形成“休息→如厕→洗浴→化妆→洗衣→烘干熨烫→收纳”的流畅家务动线。厨房改为开放式，与餐厅以中岛进行分割。宽大的餐桌不但具备进餐功能，而且还是看书学习的最佳场所。长长的书架配置，更加符合现代学习型家庭的设定。

方案 B

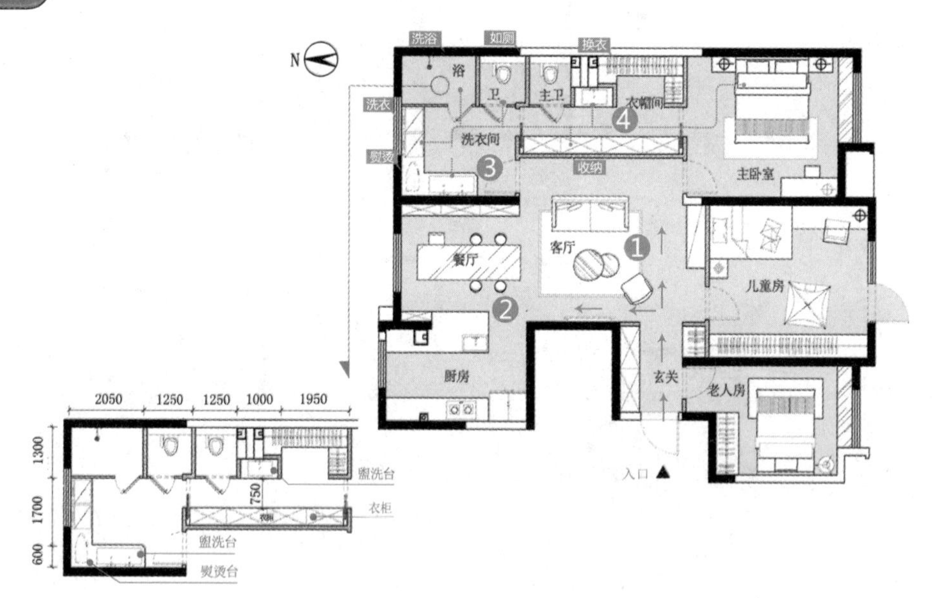

◆设计说明

❶ 原客厅区改造为儿童房，原餐厅改造为客厅。

❷ 餐厨空间一体设计，大长餐桌也包含书桌功能。

❸ 卫生间进行整合并与北卧室贯通，打破原来的暗卫格局。

❹ 20 m^2 的衣柜空间，彻底满足了三代人的储纳需求。

◤方案 A 将客卫盥洗台外移，利用玻璃砖解决卫生间的采光问题。方案 B 更是一步到位，将北卧室、双卫进行了统一整合，提升了生活舒适度。◢

◆细节展示

1 客餐厅整体向北移动

原客厅位置改作儿童房，客餐厅位置整体向北移动。餐厅也包含了书房的设置，长餐桌既可用餐聚会，又可读书上网。餐桌后面的整面墙壁设计为书柜，用以收纳藏书或工业摆件。

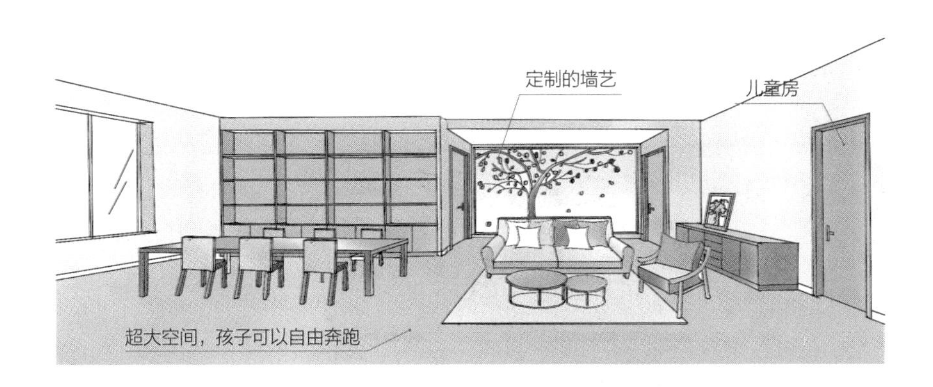

2 厨房与餐厅融为一体

厨房和餐厅区整体打通，呈开放式布局。实木长餐桌、宽大的中岛、肌理粗放的文化石墙饰面，让这个区域成为家庭的聚会中心。

3 卫生间与北卧室进行整合重组

将北卧室与双卫进行空间重组，彻底解决了暗卫的困扰。 家庭储纳需求完全满足，虽然占用了一间卧室，也值得。

5-4 减少空间层次，拥有自由流淌的风

房屋信息		
	■ 建筑面积：123 m^2	■ 居住成员：祖父母、父母、儿子
	■ 原始格局：3 室 2 厅、双阳台	■ 改造后格局：3 室 2 厅、储物间

双阳台的布局，看似面面俱到，但无形中挤占了其他空间的面积。这套房子的厨房与餐厅空间狭小、琐碎，导致正常烹饪都不便。三代同堂的家庭结构，对储物收纳空间需求也很大，但从现有的布局看，收纳空间有限，不能满足家人的需求。在主卧室中，主卫面积相对大，但主卧室收纳空间稍显不足。

改造前

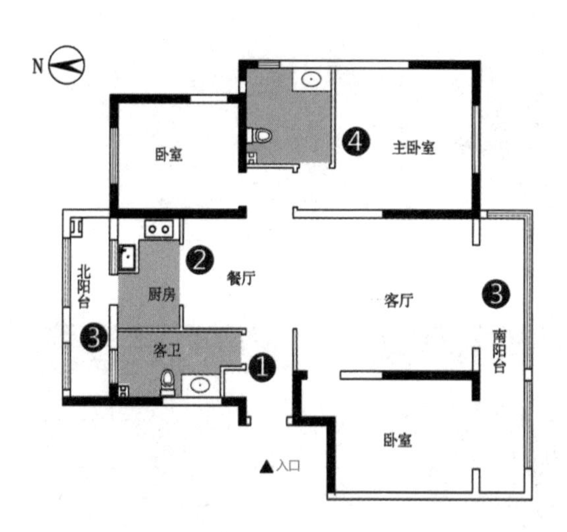

◆屋主需求

❶ 厨房太小，需要加大。

❷ 主卧室需要充足收纳空间。

◆设计师意见

❶ 玄关收纳空间不足。

❷ 厨房、餐厅面积狭小。

❸ 双阳台不容易利用。

❹ 主卧室空间收纳不足。

改造方案 A：客餐厅、厨房南北空间贯通。

将北阳台进行空间拆解，分别并入厨房及卫生间。厨房为开敞式，通过一个吧台与餐厅相对，让空间相对完整、不琐碎。

卫生间为分离式，通过盥洗区分别到达马桶间和浴房，使用更加高效便捷。在玄关处打造了一个家庭储物空间，把不方便带入客厅及卧室的物品分类在此储存。压缩主卫空间，在通往主卫的动线上设计出了嵌入式衣帽间。

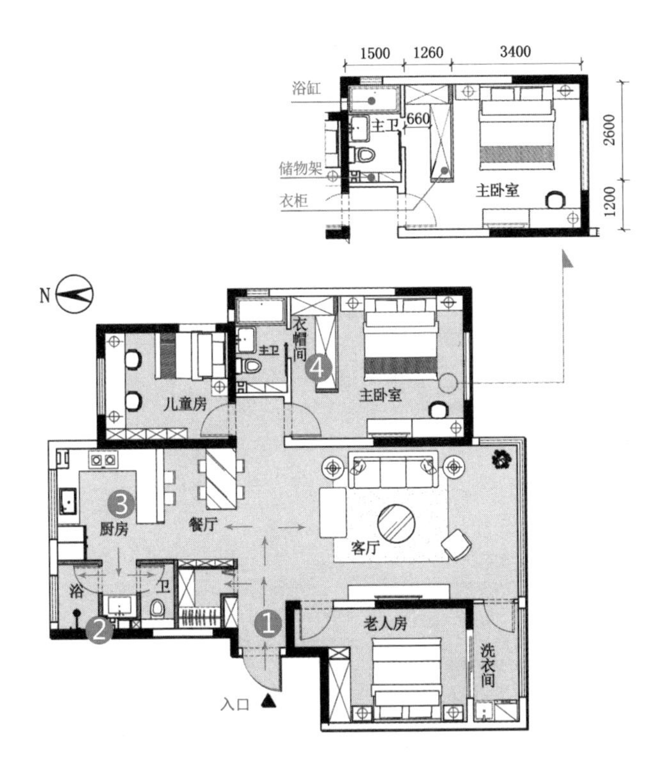

◆设计说明

❶ 在玄关处设计家庭储物间，零碎小物从此有了归所。

❷ 卫生间干湿分离，使用更加高效便捷。

❸ 厨房宽敞，与餐区通过吧台隔离，让主人烹饪时不再孤单。

❹ 压缩主卫空间，让主卧室拥有了步入式衣帽间。

改造方案 B：双台盆、黑板墙，倾斜布局带给人不一样的感受。

将玄关收纳柜安置在家庭洗浴盥洗的动线上，这样的布局不但可以收纳出入时的外套、鞋帽，还可以放置浴巾、浴袍。卫生间进行干湿分离，形成洗浴、如厕、盥洗和衣物收纳的四分离格局。

厨房面积扩大，餐厅设计为卡座形式，不但使用方便，也提高了空间利用率。背后的黑板墙设计，使家庭生活更有趣。把主卧室空间进行局部变形改造，让其拥有了整面墙的收纳柜，家庭收纳能力大大提升。

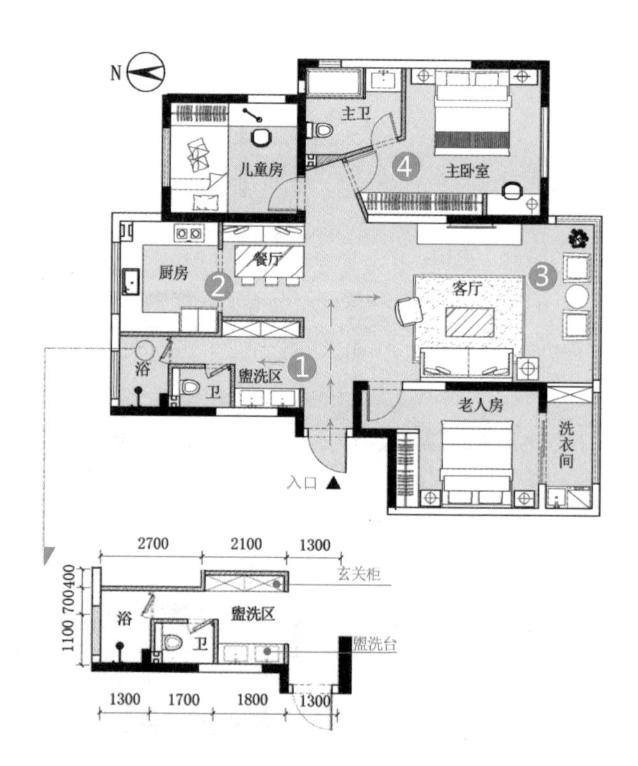

◆设计说明

❶ 扩大玄关收纳空间。客卫改造为干湿分离格局，双面盆设计。

❷ 厨房与北阳台空间合并，操作台设计为 U 形。

❸ 南阳台拆解，一部分用作洗衣房，另一部分并入客厅，使客厅空间更加宽敞。

❹ 主卧室改动入门位置，利用西墙设计整面的衣柜。

◤方案 A、B 都对客卫进行了移位和分离设计。方案 A 在主卧室设计嵌入式衣帽间。方案 B 利用门洞移位，在主卧室西墙设计出 12 m^2 的衣柜。◥

◆细节展示

1 盥洗与玄关收纳区合二为一

客卫分离设计，马桶间和浴房整体北移。盥洗区与玄关收纳空间融合，一侧安置双台盆，另一侧安置玄关柜。

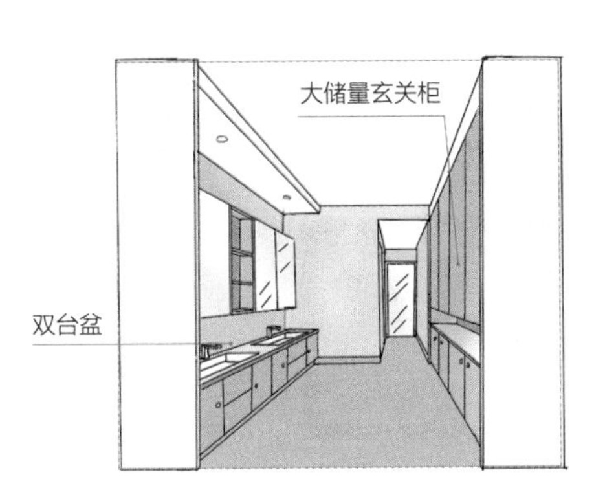

2 使用便捷的餐厨布局

厨房操作台 U 形布局，冰箱、水槽、灶台三大件之间的动线合理，有效降低家务劳动的强度。餐区为合理利用空间，设计了卡座餐椅。

3 设计简洁的客厅

客厅与南阳台空间融合，更显宽敞明亮。投影设备代替电视机，以满足主人喜欢观看大片的爱好。顶面安装了黑色的轨道射灯，以便和餐厅黑板墙呼应。

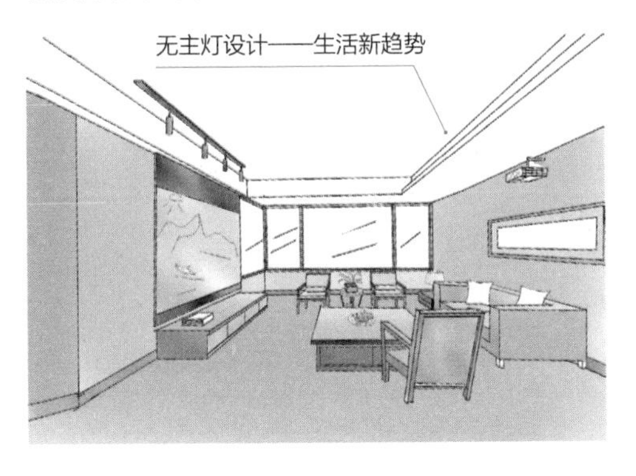

4 改动门洞位置，主卧室空间利用更合理

为能更充分地利用空间，改动了主卧室及主卫门的位置。在卧室西墙打造了 12 m^2 的储纳柜，倾斜布局的隔墙，让人有了不一样的生活体验。

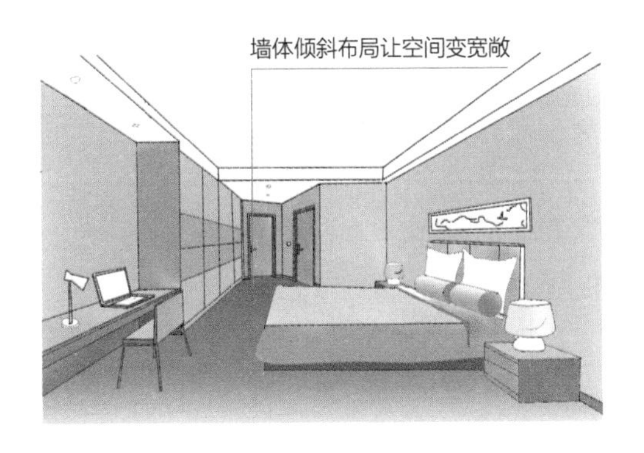

5-5 奶奶给孙女伴读的家

房屋信息		
	■ 建筑面积：80 m^2	■ 居住成员：奶奶、孙女
	■ 原始格局：1室1厅	■ 改造后格局：2室1厅

在此居住的是读小学的孙女和陪读的奶奶，所以在布局上有两种方案：一是设置两间独立卧室，各自拥有独立的空间，互不干扰；另一个是祖孙一个卧室，更方便奶奶照顾孙女。

原卫生间为暗房，使用不方便。开发商在阳台也没有预留洗衣机的位置，所以洗衣机也只能安置在卫生间，导致卫生间更加拥挤了。厨房位置距离客餐区比较远，在实际入住后，一日三餐的来回往返势必增加家务工作量。

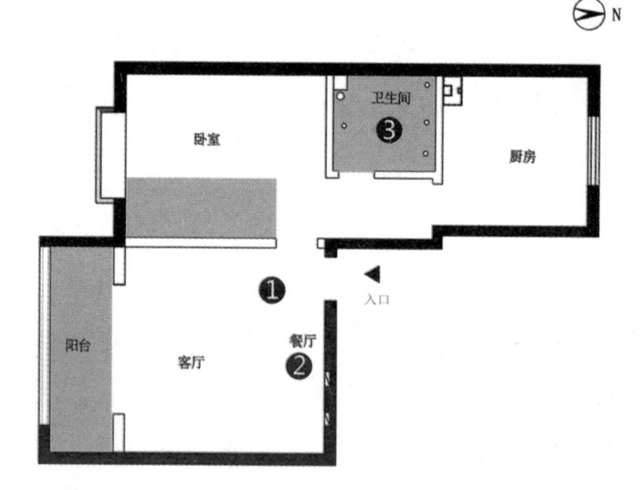

◆屋主需求

❶ 卫生间为暗卫，希望把洗衣机挪出。

❷ 希望充分利用厨房空间。

◆设计师意见

❶ 入户后没有过渡空间。

❷ 餐厅与厨房之间动线过远。

❸ 卫生间承担功能过多，暗卫使用不便。

改造方案 A：两间卧室，祖孙各有独立的空间。

将客厅与卧室空间进行互换，原客厅空间与阳台合并后，分隔为两个卧室。小卧室设计为榻榻米地台，利用玄关鞋柜上方的窗户采光。大卧室设置衣帽间，解决祖孙衣物的收纳问题。将原本设置在卫生间的盥洗区和洗衣机移出，安置在过道东墙，使空间的功能分配更加合理。

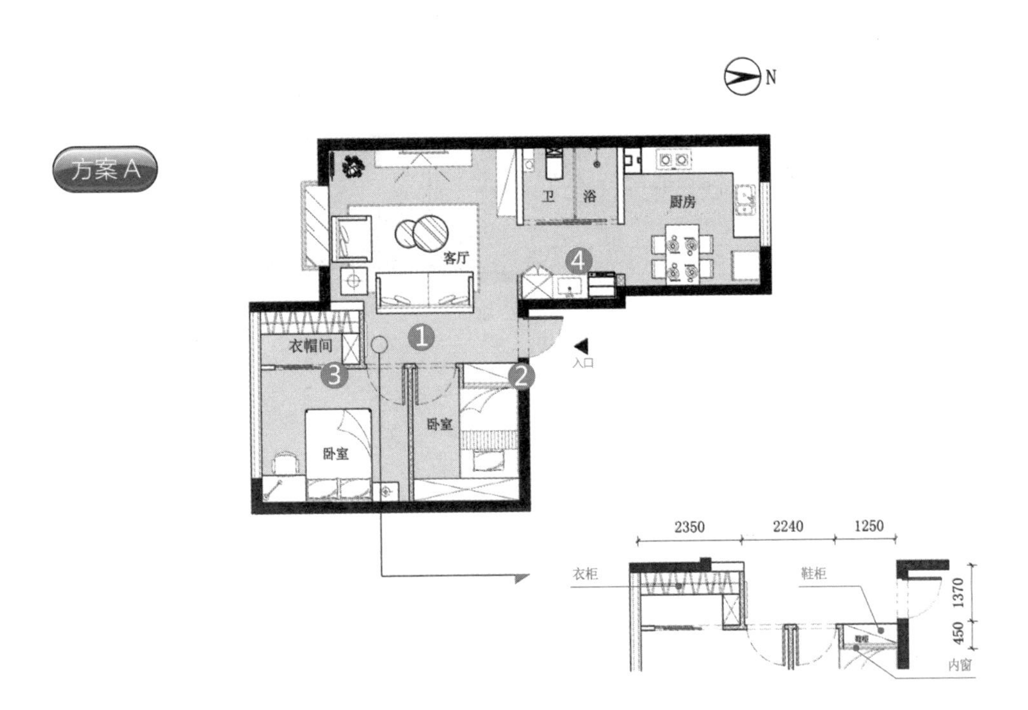

◆设计说明

❶ 入户直面挂有艺术画的玄关墙。

❷ 在玄关鞋柜的上方设计木窗，以便增加小卧室的采光。

❸ 明亮的南卧室作为女孩房，让她有一个良好的学习空间。

❹ 将盥洗盆及洗衣区安置在客卫对面的东墙。

改造方案 B：曲线走廊，让空间更有趣。

卧室还是保留一个，让祖孙共居一室，便于奶奶更好地照顾小孙女。走廊采用弧形设计，改变原来 90° 转折的生活动线。日常生活起来，无论从心理上还是实际上都会更加人性化。原阳台区域地面利用实木地板架高设计，改造为休闲区。

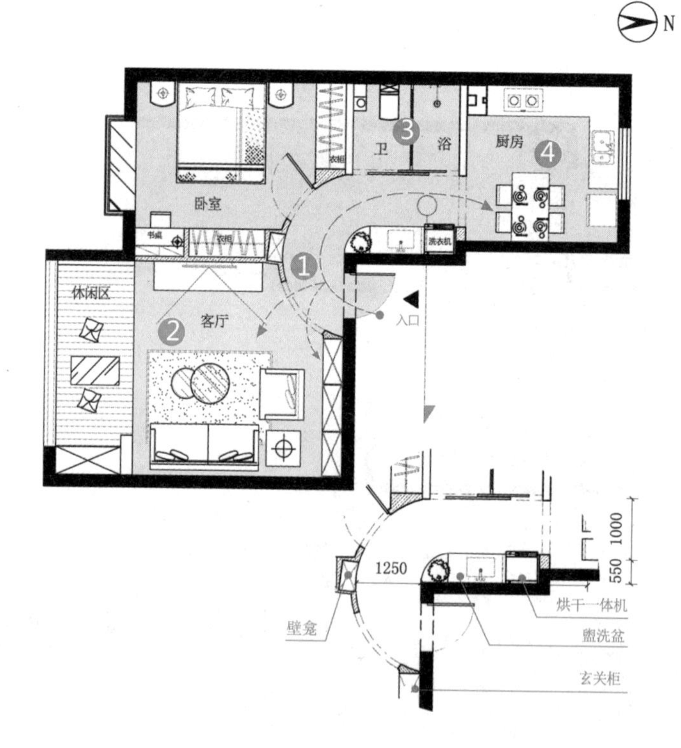

◆设计说明

❶ 打造独具特色的弧形走廊。

❷ 客厅北墙设计为书柜，陈列书籍。靠窗区改为休闲区，在东墙设计杂物柜。

❸ 卫生间干湿分离，提高使用舒适性。

❹ 餐厨一体设计，充分利用了空间，做家务也方便。

◤方案 A 设计了两个卧室，让祖孙各自拥有独立空间。方案 B 还是保持原来的一个卧室，便于奶奶更好地照顾孙女，过道设计为弧形曲线造型。◢

◆细节展示

1 弧形走廊串联各区域

在小户型空间中，以弧形线条取代直线条，会让整体氛围更活泼。在立面壁龛上陈列艺术品，形成一道美丽风景线，让整个空间都了充满艺术感。

2 起居空间轻松舒适

弧形走廊延伸至玄关区，并与客厅有机结合，让人推门入户后，有眼前一亮的感觉。南侧的休闲区与北侧书柜相互呼应，使整个家庭氛围轻松愉悦。

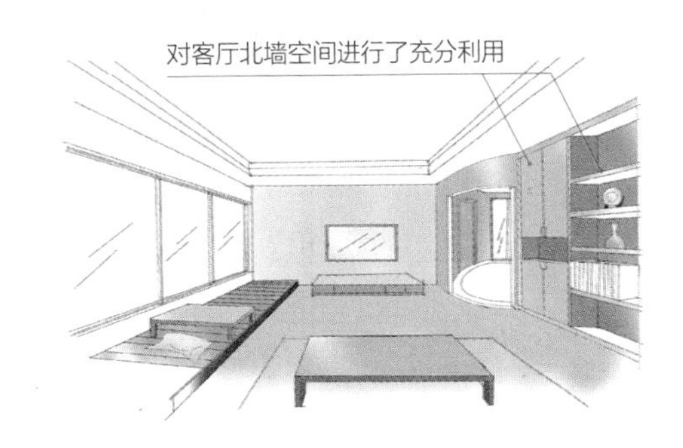

3 卫生间分离设计，增加采光

卫生间空间重新划分，马桶间、浴房、盥洗区分离设计。 利用玻璃材质门，引进自然光。

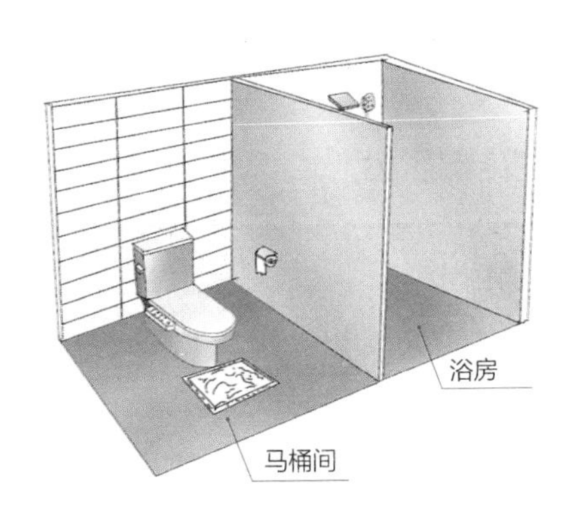

4 餐厨一体设计

餐厨一体规划，有效利用了面积，实际生活中也减少家务劳动强度。

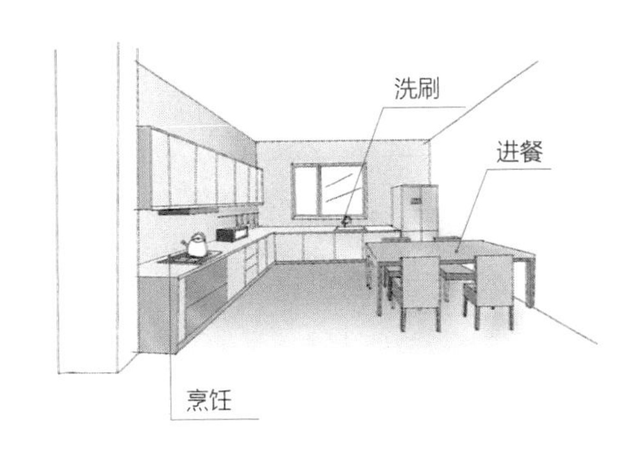

5-6 工作繁忙，更希望回家能放松身心

房屋信息		
	■ 建筑面积：100 m^2	■ 居住成员：父母、儿子
	■ 原始格局：3 室 2 厅、入户花园	■ 改造后格局：3 室 2 厅

小三室格局，每个空间都很紧凑也很紧张，尤其是厨房，使用起来很局促，不能满足现代家庭对高质量生活的追求，这让屋主 E 女士头疼不已。两个次卧室室面积也很局促，缺乏足够的收纳空间。阳台为开敞式，方便与客厅及南次卧室相通，但也造成阳台没有合理死角，连洗衣机、洗衣盆都无处安放。

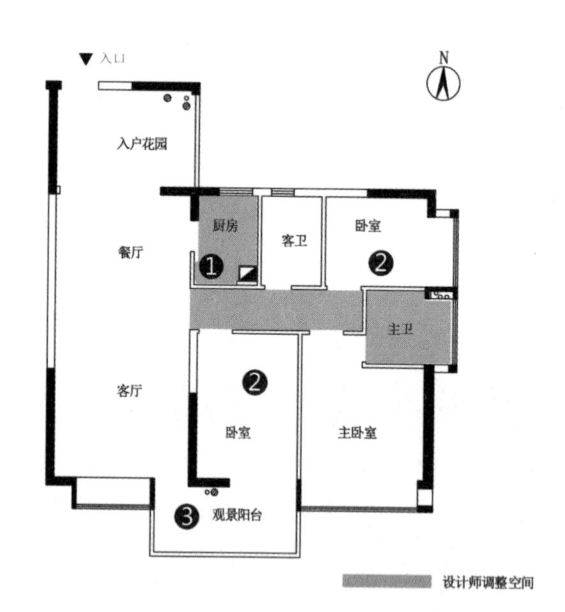

◆屋主需求

❶ 厨房太小，使用不便。

❷ 把入户花园充分利用起来。

◆设计师意见

❶ 厨房空间局促，冰箱都无法摆放。

❷ 两个房间都缺乏收纳空间。

❸ 阳台空间难以利用。

改造方案 A：合并入户花园，打造大餐厅。

将厨房外迁至原入户花园处，设计为开敞式。餐桌兼具中岛功能，使用更加多元，这样变动后，整体空间也豁然开朗，使一日三餐的烹饪工作变得轻松，家中琳琅满目的小厨电，也可以轻松存取了。原厨房空间改造为家庭储物间，以弥补次卧室收纳空间不足的短板。主卧室入门适当位移，使其具备了整面的衣柜空间。衣物收纳解决好，女主人可以腾出更多的时间从事自己喜爱的事情。

将儿童房与阳台之间的隔墙加窗，两个空间变得更容易使用。在窗前设计宽大的书桌，方便孩子写作业。而阳台也拥有了使用空间，将洗衣机、洗衣盆安置其中。

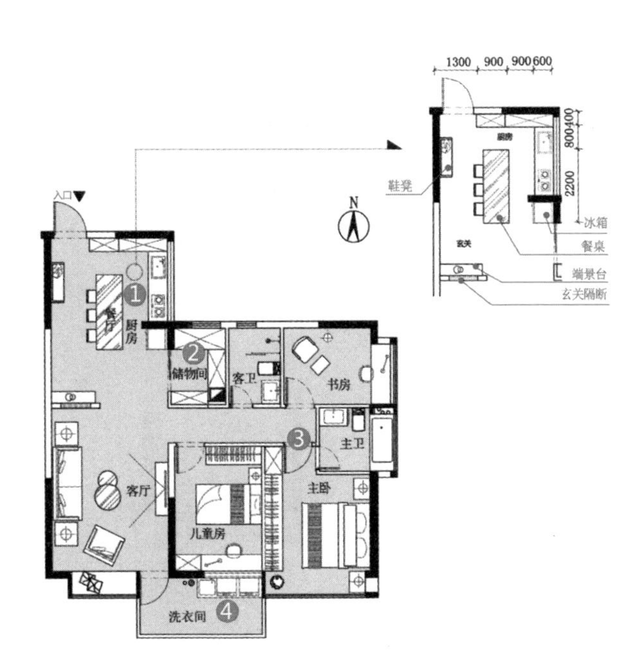

◆设计说明

❶ 充分利用入户花园面积，厨房和餐区一并考虑。

❷ 原厨房空间改做储藏室，弥补了次卧室收纳空间不足的缺陷。

❸ 主卧室入口移动，使其拥有充足的衣柜储物空间。

❹ 儿童房与阳台隔离，使阳台更加实用。

改造方案 B：主卧室、书房做套间，儿童房打造了迷你衣帽间。

在入户动线上设计了玄关储物间，以方便家人日常出入时衣物、鞋帽的临时收纳，日常生活的杂物也有了专属的安置空间而不再凌乱。厨房外移，摆脱原有空间的束缚，将原厨房空间并入客卫，扩大其面积，增加其功能。将马桶、洗浴、盥洗、家务、收纳等诸多功能都囊括其中。将原主卫改造为收纳空间，分别拆解并入北次卧室和主卧室，一改卧室空间狭小的弊端。将南次卧室改造为家庭学习中心，与客厅之间采用透光性良好的玻璃隔墙分隔，既保持空间隔离、互不干扰，又保持光线、视线的穿透性，整个家庭充满现代感。

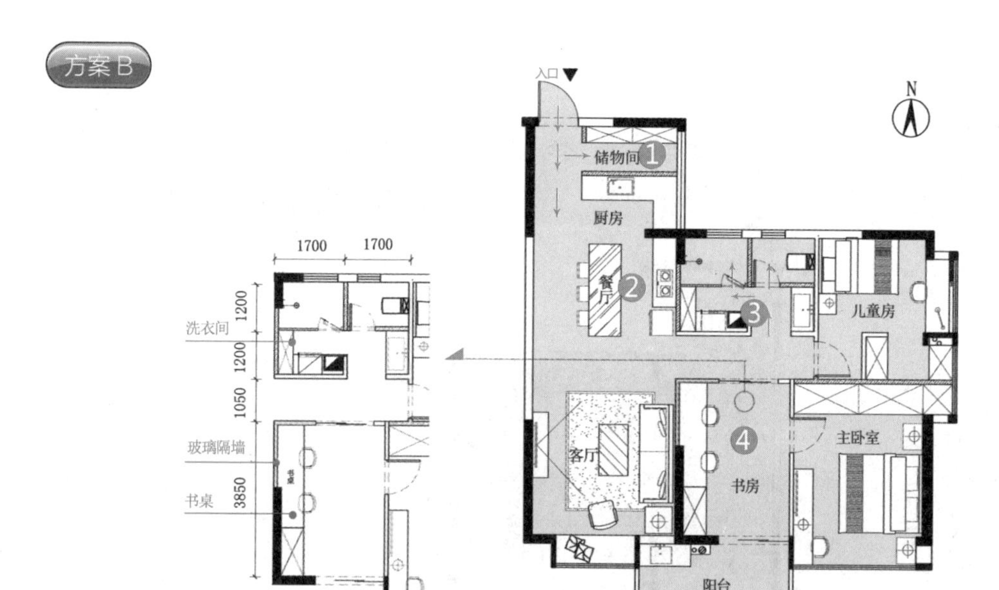

◆设计说明

❶ 打造独立的玄关收纳间，家人出入携带的物品不会再影响穿衣、换鞋。

❷ 厨房外移，空间更宽敞。

❸ 改变主卫功能，加大客卫面积，实现分离设计，使用更高效。

❹ 南次卧室用作家庭学习空间，与客厅采用清玻隔墙，视线更通透。

◤方案 A 、B 都改变了入户花园的用途及原厨房的功能。方案 A 将入户花园与厨房、餐厅空间融合。方案 B 在入户处设置储物间，书房与主卧室合并为套房形式。◥

◆细节展示

1 家庭杂物有了安置空间

在入户处设计独立的玄关收纳空间，孩子的轮滑鞋、大人的行李箱也拥有了专属空间。

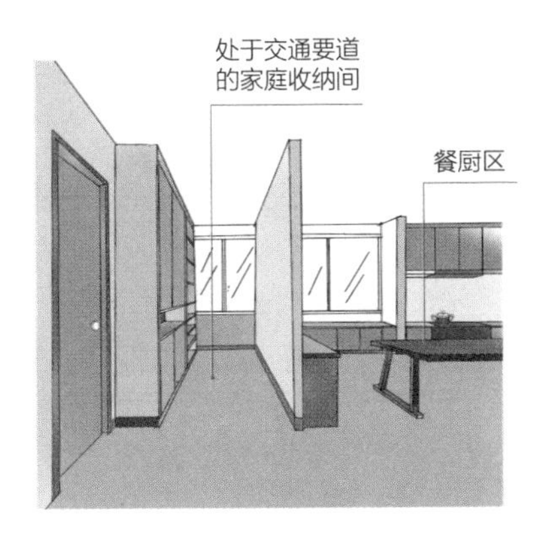

2 厨房与餐厅空间融合

餐厨区一体设计，长桌既当作餐区，也具备中岛的功能。适用于快节奏的现代生活，让空间得到充分利用。

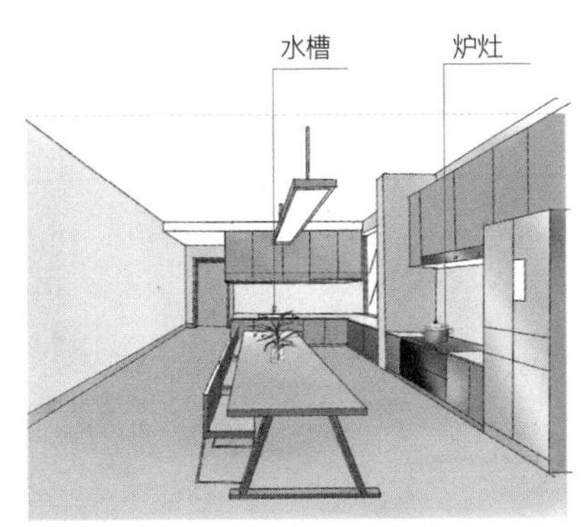

3 原厨房区与客卫合并

取消主卫，只保留客卫，将客卫与隔壁原厨房空间合并，将洗衣间的功能也融入其中。

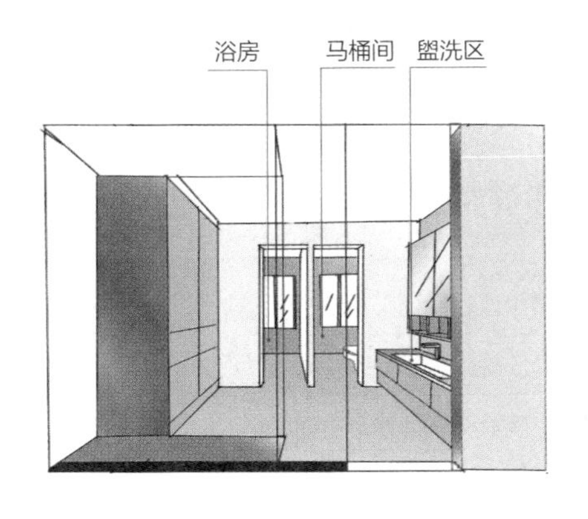

4 书房与主卧室合并为套房

南次卧室改为书房，主卧室改为套房形式。利用清玻隔墙增加视线的通透性，变身为家庭的学习娱乐中心。

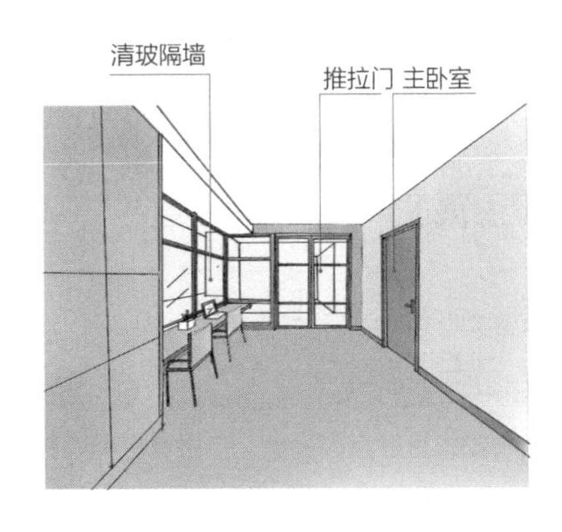

5 弹性布局 5–7 楼梯移位，让其与空间和谐相处

房屋信息	■ 建筑面积：300 m²	■ 居住成员：父母、儿子、女儿
	■ 原始格局：6 室 3 厅	■ 改造后格局：5 室 3 厅

复式住宅，面积充裕，但楼梯外凸，破坏了空间的整体性。回家上楼需要穿越餐区，进而影响了餐厅的完整性。所以此住宅改造的关键就是对楼梯间进行重新规划，使这所大宅彰显出应有的气度。

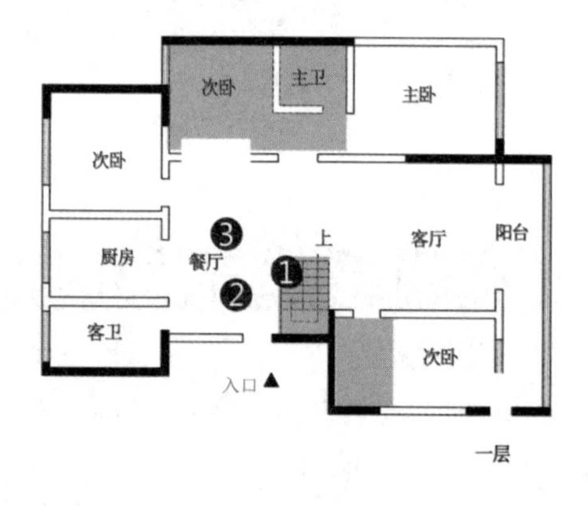

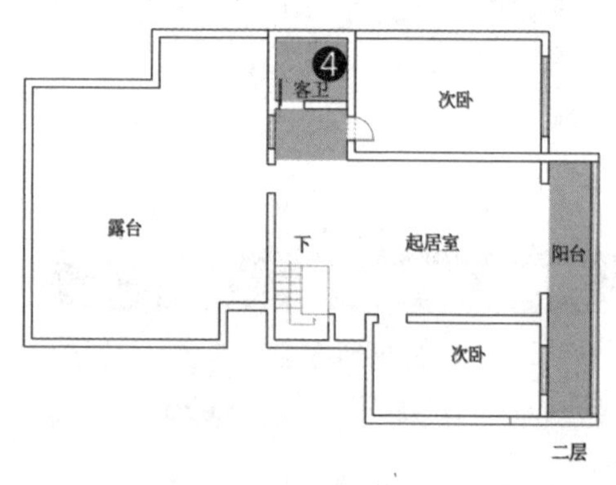

◆屋主需求

❶ 餐厅空间不足，需要重新规划。

❷ 要求空间流畅、大气。

❸ 一楼安排主卧室、客房，二楼安排两个孩子的卧室。

◆设计师意见

❶ 楼梯位置突兀，影响空间整体性。

❷ 入户动线挤压餐厅空间。

❸ 上楼抬头就看穿卫生间，私密性不好。

❹ 卫生间干湿不分，使用不便。

改造方案 A：中、西厨房设计，煎炸、凉拌皆从容。

将楼梯进行移位，和空间和谐相处，让人不再感觉突兀。没有了楼梯的挤压，餐厅的布局变得从容。餐区设计中岛及西厨操作区，实现了家庭的双厨房格局。将一层的北卧室改造为独立衣帽间，并将原来的部分过道并入其中。主卧室与书房打通，改作套房。二层设为两个孩子的空间，设计了独立衣帽间、学习区、健身区，让他们有一个独立的成长环境。

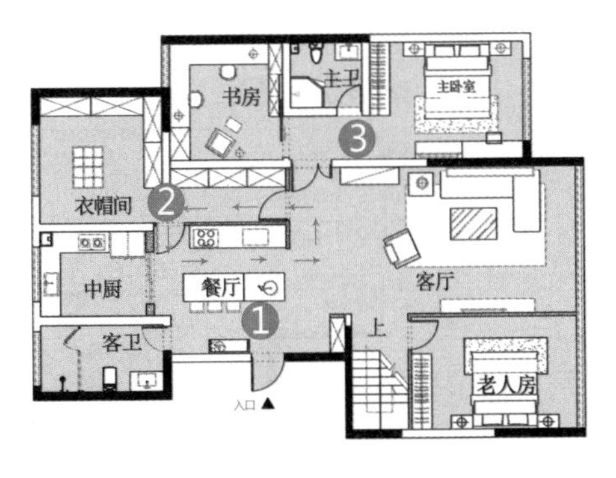

一层

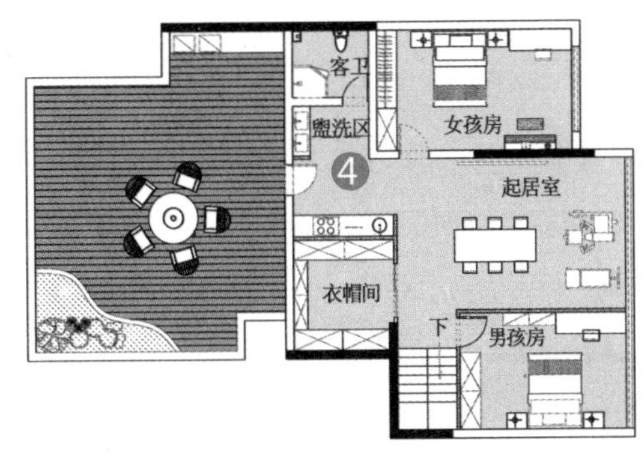

二层

◆设计说明

❶ 楼梯间移位后，餐厅布局更合理。入户交通动线不再对餐区造成干扰。

❷ 北卧室改造为衣帽间，双入口形成环形交通动线。

❸ 主卧室与相邻的书房形成套间模式，主人无论休息还是学习，都更加便捷独立。

❹ 二楼卫生间盥洗区外移，并安置了双台盆，实现了干湿分离的模式。

改造方案 B：玄关、主卧室皆双动线，生活起居更方便。

在入户处打造了邻接式玄关过渡区。玄关双动线设计，一条直达客厅，以方便访客使用；一条通达厨房，以供屋主外出采购食材，回家进厨房处理、收纳使用。厨房分作中厨区和西厨区，丰富家庭饮食选择。与主卧室相邻的两个房间分别作为衣帽间及书房，主卫也改造为分离式，它们之间进行环线串连，使用过程更能感受到人性化。

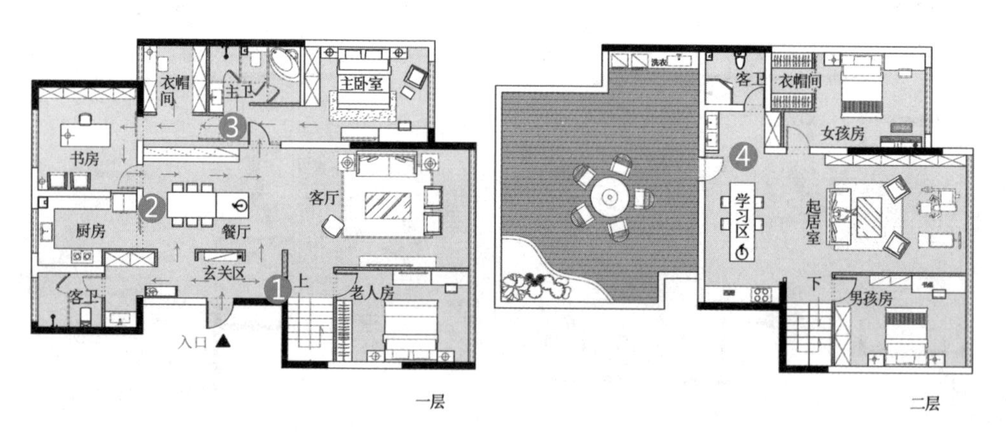

◆设计说明

❶ 利用镂空屏风隔断，分隔出独立的玄关区。

❷ 餐厅中岛餐桌一体化设计，在餐区东墙安排了备餐台。

❸ 主卧室、主卫、衣帽间、书房空间串联，形成套间模式。

❹ 二层公共空间依次设计为学习区、休息区、健身区。

◤方案 A、B 都对楼梯间进行了位置调整，避免其干扰客餐厅的空间整体性。方案 A 缩减餐厅空间，扩展衣帽间面积。方案 B 分隔出独立玄关区，入户双动线。◢

◆细节展示

1 入户直面端景台

利用镂空隔墙及木格栅，在入户区围合出独立的玄关过渡区域，并陈设端景台与装饰绿植。整个空间传递出禅意、静谧的情绪感受。

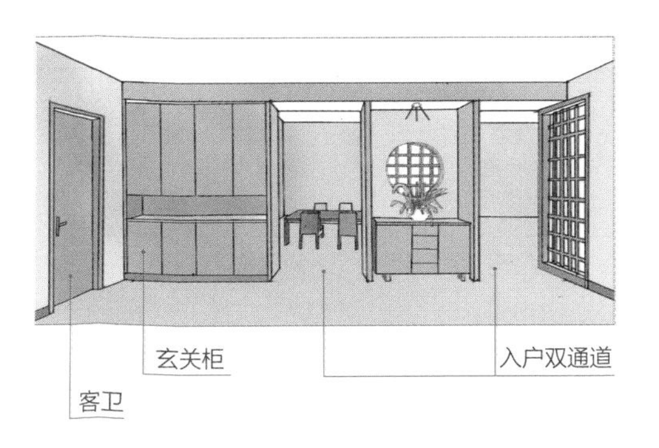

2 餐厅空间宽敞，使用便捷

由于楼梯间移位，使其不再对餐厅造成干扰，整个餐区宽敞明亮起来。在餐厅右手处设计了备餐台，众多小厨电也有了安身之处。

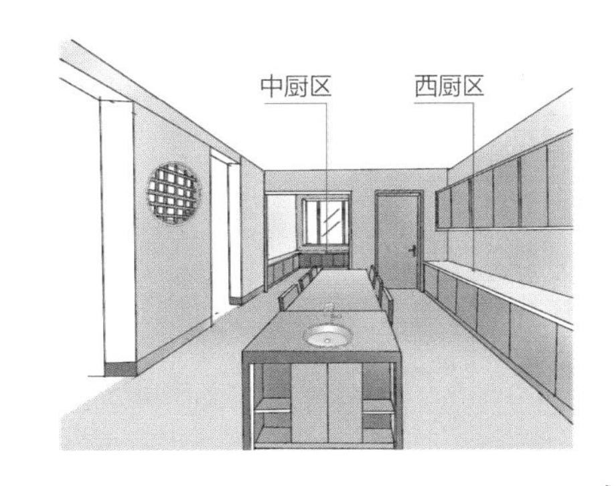

3 主卧室与书房形成环形动线

整个空间空间富足，所以将主卧室隔壁的两间卧室进行贯通，分别改作了衣帽间、书房，形成套房模式，睡眠休闲或读书办公都不受干扰。

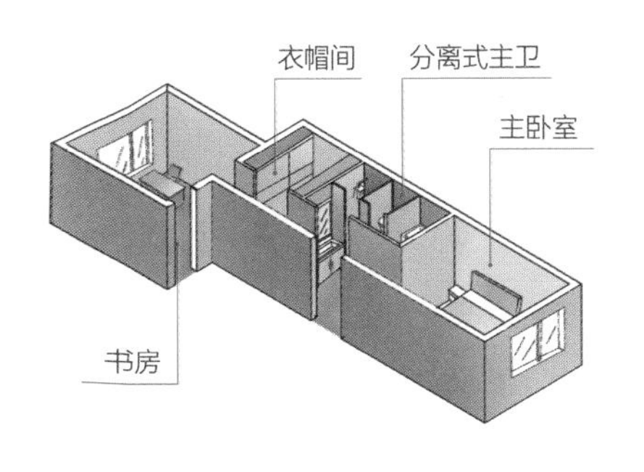

4 二楼盥洗区设计储物柜

二楼女孩房门洞位置由朝向北改为朝向西。在正对盥洗台位置设计了一面储物柜，用以存放浴巾、浴袍、衣物等，方便在洗澡时随手取用。

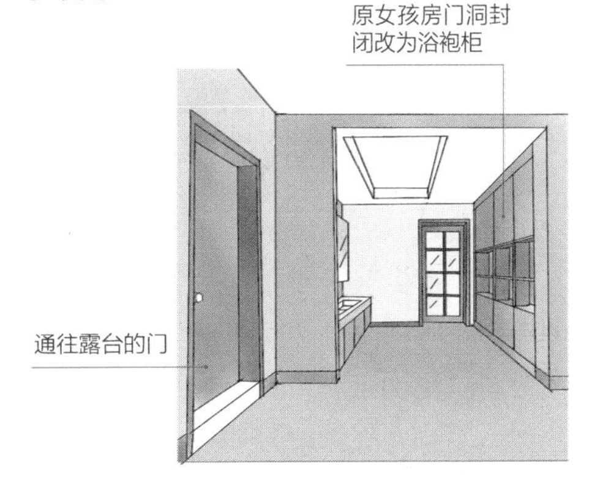

图书在版编目（CIP）数据

住宅改造解剖书 / 杨全民著. -- 南京 ：江苏凤凰美术出版社，2020.1

ISBN 978-7-5580-4537-0

Ⅰ. ①住… Ⅱ. ①杨… Ⅲ. ①住宅-室内装饰设计-图集 Ⅳ. ① TU241-64

中国版本图书馆 CIP 数据核字 (2020) 第 005575 号

出版统筹 王林军
策划编辑 翟永梅
责任编辑 王左佐 韩 冰
助理编辑 许逸灵
责任校对 刁海裕
装帧设计 张僮宜
责任监印 张宇华

书　　名 住宅改造解剖书
著　　者 杨全民
出版发行 江苏凤凰美术出版社（南京市中央路165号 邮编：210009）
出版社网址 http：//www.jsmscbs.com.cn
总 经 销 天津凤凰空间文化传媒有限公司
总经销网址 http：//www.ifengspace.cn
印　　刷 雅迪云印（天津）科技有限公司
开　　本 710mm×1000mm 1/16
印　　张 11
版　　次 2020年1月第1版 2024年4月第2次印刷
标准书号 ISBN 978-7-5580-4537-0
定　　价 58.00元

营销部电话 025-68155790 营销部地址 南京市中央路165号